MC論

古舘伊知郎

はじめに

司会者は、時代を映し出す小さな鏡

司会者は、今や絶滅危惧種です。

日本で民放テレビ本放送が始まった1953年は、戦後の傷跡を引きずりながらの高度成長期。ハレの日に、蝶ネクタイをつけた司会者が、

「皆様、いかがお過ごしでしょうか？」

と登場し、優しく語りかけながら番組全体の進行を担っていました。

当時は、誰もが経済発展を目指す国策のもとに頑張って、今日よりも明日、明日よりもあさっての方が良くなるだろうという希望があり、テレビというハレの舞台に立つ司会者が、国民の代理満足を担っていたように思います。

アナウンサー系、タレント系、役者系など様々な司会者がいましたが、必ずピンで、男性司会者でした。男性だったのは、「社会は男がしょって立つもの」とのぼ

せ上がってそれを当然としていたからですよね。

今の、女性がニュース番組の真ん中に座る時代とは隔世《かくせい》の感があります。

1970年代に入ると、萩本欽一さんが出てきて司会者の大転換期を迎えました。『欽ドン!』はバラエティ番組ですが、飾った表舞台ではなく、舞台裏のリハーサル風景をあえてお茶の間に届けた点が画期的でした。

「良い子悪い子普通の子」のコーナーで、悪い子のワルオがふすまを開けると、「その目線がダメ!」と欽ちゃんにダメ出しされて何度もふすまをピシャッと閉めてやり直し。

あの舞台裏感覚は、のちに、脇役で付録だったフリップ(説明板)を番組で主役にしたみのもんたさんらの、裏をわざと見せるバラエティ番組の原型だったという見方もできます。

ピンの司会者は、『オレたちひょうきん族』に出ていたビートたけしさん、明石家さんまさん、それから『笑っていいとも!』でお昼の顔となったタモリさんの「お笑いビッグ3」で全盛期を迎えます。

人気芸人がハプニング込みでワクワクさせてくれる司会を担う。その流れは現在に至るまで続きますが、大きく変わったのは、ピンではなくツインの司会者も出てきて、さらには、ツイン以上の複数人が協働する群衆化へと変遷したことです。

ツインの代表格は、とんねるずです。同級生の悪ふざけをテレビで観るような、ボケもツッコミもない部室芸的司会が人気に。バブルとともに、テレビの在り方が非日常から、日常へと移り変わったのです。

その後、ウッチャンナンチャンやダウンタウンが出てきますが、この頃から、自身の冠番組のレギュラー出演陣らと一緒に回すチーム編成感が強くなります。

この流れは、ナインティナインの『めちゃ×2イケてるッ!』でさらに色濃くなり、その後、雨上がり決死隊が司会の『アメトーーク!』で、メインとゲストの垣根を越え、ひな檀芸人と団子になりながら進行する群衆化時代に突入します。

これにより司会者の役割も変わっていきました。「台本通りに進行する技術」から、「生まれた流れに合わせて仕切る技術」が求められるようになり、それはいつしか司会進行ではなく、MC（マスター・オブ・セレモニー）という呼び方になりました。

MCは、番組のホスト役であり、いかにゲストを引き立てて、自分も引き立たせるシナジー効果を出せるかが勝負となりました。

司会からMCへの変遷は、責任を分散化する時代を象徴

昭和から平成になった頃のことです。それまでの日本には、ストレートニュースを読み上げるのが報道番組という印象がありましたが、『ニュースステーション』や『NEWS23』のはじまりにより、〝ニュースショー〟というジャンルが生まれ、ニュースキャスターとか、ニュースアンカーマンという言葉が出てきました。

ニュースキャスターは和製英語ですから、海の向こうでは通じません。キャス

ター？　何を転がしているの？　って感じですから。

これに対してアンカーマンは、アメリカからの輸入です。語源としては、アンカーですから、いかりを置くとか、重い人が真ん中にいるって意味です。

平成を迎えて、こうした外来語率が上がって、じわじわとグローバル化へと進んでいった。その流れの中で、ＭＣという呼び方も定着したんです。


マスター・オブ・セレモニーの一番の仕事とは何かと言うと、「仕切り」ですよね。

バラエティ番組のＭＣを見ると、司会群の中にボケがいて、ツッコミという矯正役がいて、場合によっては、さらに女性アナウンサーも加わって進行を分業します。

これ、責任を分散化する時代に入ったという見方もできます。

昔は、番組の最終責任は、プロデューサーや司会者が背負う時代でしたから、司会のプレッシャーは半端なかったです。今は、そういう時代じゃない。

私は、コーナー担当の制作責任者であるディレクター。私は、番組全体の演出を考えるチーフディレクター。私は、番組制作者として全体を見るプロデューサー。

私は、台本作成を行う放送作家。私は、番組全体の流れをつくる構成作家……。こうなると分担した役どころに徹するだけなので、システマティックになって、テレビ局の社員も分業制ですから、「いえ、それは私に言われても。担当ディレクターは山田なので、彼に言ってもらえますか」。ゼロかイチかのデジタル時代ですから、ワンチームで何かを成し遂げて、「ああ、よくやったよね」って肩を叩き合う時代じゃなくて、「私の仕事は、ここからここまでなので」と自分の仕事のノルマをきちっと果たす時代なんです。

企業もそうじゃないですか。昔よりは、はるかに役割が増えた会社が多いですよね。ＣＥＯ、ＣＦＯ、ＣＩＯ、ＣＭＯ、ＣＯＯ、ＣＴＯ……。もういろんな役がありすぎて、古い昭和の感覚では、執行役員なのか、役員待遇なのか、常務なのか、代表権を持っているのか、持っていないのかもよくわからない。

すみません、話が脱線しました。テーマをＭＣ論に戻すと、こうして責任が分散化される時代の移り変わりが生み出したのが、集団進行体制と、群像化したＭＣなのかもしれません。

そして、今――。ＹｏｕＴｕｂｅにより「１億２０００万人総ＭＣ時代」がやってきました。

１人ひとりが自分のチャンネルを持ち、自分で自分を取り仕切って自己発信できる時代です。

テレビのバラエティ番組だってナレーションベースの番組が増え、一応スタジオでＭＣ的な人を据えていますが、「１時間の番組でトータル何分映ったの？」というレベルでしか使われないことも多い。

だから刺すような短いツッコミが重宝され、「はい、次のＶＴＲ！」となるわけです。どうりで僕のように長くしゃべるＭＣは絶滅危惧種になっていくわけだ。

まあ僕の話は置いておいて、ピンのＭＣはもはやＹｏｕＴｕｂｅにしか存在しないという見方もできますね。

ハレの日から、ツイン、群衆化を経て、究極の個人へと逆戻り。昭和、平成、令和と、時代のニーズとともに入れ替わった司会者、ＭＣの遍歴を見ていくと、その時代背景も見えてきます。

本書は、昭和の名司会者の活躍を生で見てきた僕だからこそ、「後世に伝えておきたいＭＣの歴史」を、死ぬ前にまとめておきたいと思います。

僭越《せんえつ》ながら、「場のさばき方がさすが！」と思う今のＭＣの方々も、僕なりに分析させてもらいました。若い方々も楽しめるよう、「昔のテレビはよかったな」とノスタルジーにひたり過ぎないように心掛けて進行してまいります。

司会者は、時代を映し出す小さな鏡でもあります。

その時代、時代の〝匂い〟も実況してまいります。

古舘伊知郎

目次

第2章
芸人・タレントMCがバラエティをかき回す！平成・令和の仕切り術

第3章 キャスターの枠を超えた、ニュースプレゼンターの生き様

第1章

スタンダードをぶち壊せ！昭和のレジェンドMC

進行役から飛躍した、アウトローかつマルチなMC

大橋巨泉

おおはしきょせん

テレビの司会者のありようを大きく変え、その概念をぶち壊した革命家は、間違いなく大橋巨泉さんです。

巨泉さんが出現するまでの司会者は、「ハレの日」の進行係という立ち位置でした。スポットライトの当たる中、華やかなスーツを着て颯爽と登場し、スタンドマイクに向かって落ち着いたトーンで、まるで歌うように語りだす。

「皆様、こんばんは。いかがお過ごしでしょうか」

とてもかしこまった印象。これがそれまでの司会の正しい姿でした。

司会者の〝原型〟はキリスト教における司祭だと言われています。

司祭は厳かに、そして滞りなく祭りというハレの日を司らなくてはいけません。

上手にその場を取り仕切らなければいけません。

そんな「場を取り仕切る役」の血脈の果てにあるのが、テレビ司会者ではないかと僕は思っています。

アメリカから輸入されたテレビがお茶の間に浸透するのは、テレビ放送がはじまった1953年以降。まさに世は高度経済成長期に突入せんとする頃でした。まだまだ戦争の傷跡は随所に残っていましたが、戦時中と比べれば、毎日がハレの日。テレビ番組なんていうものはハレ中のハレ。

そんなテレビの中で司会者が「いかがですか?」と優しく語りかけ、厳かに場を取り仕切るのは、必然だったのです。

まだテレビは各家庭にはなく、近所のそば屋に見物に行く時代。それが徐々に家にテレビが普及しはじめた頃、巨泉さんが登場しました。

厳かさとは正反対。自由に私見を述べる。時には怒り、あおり、けなしと好き勝手にやりたい放題。

「ジャズ聴きなさい。楽しいよ」

「ボウリング知ってる？　面白いよ」

「アメリカではゴルフが流行しているよ。日本もどんどん開発されているからトライしたらいいんじゃない」

「競馬もあるよ、麻雀もやってみたら」

自分の好みをどんどん視聴者に押し付けてくる。批判があっても「俺が楽しいからいいんだよ」と意に介さない。

それまでの司会像をぶち壊す、いわば「私は人生のＭＣ」「僕は娯楽の伝道師」の登場でした。


大橋巨泉さんが、その凄まじさを世間に見せつけたのが、１９６５年にはじまった深夜のワイドショー番組『11ＰＭ』。この番組は巨泉さんならではの〝規格外〟のオンパレード。

例えば、金曜日のフィッシング企画。フィッシングって聞いたら、防波堤でアジを釣るとか船でタイを釣るとか、普通はそういうものをイメージしますよね。でも、巨泉さんはカジキマグロを釣りに服部名人こと、服部善郎氏を行かせてしまう。それまでの番組制作者が思いつかないようなことを企画する。そして司会者自ら率先して大海原へとロケに行く。

そうかと思えば、その翌週の「月曜イレブン」では硬派な社会問題を特集。その次の週にはストリップを特集。

今見ても、滅茶苦茶です。しかし、そのすべてが巨泉さんの中にあるもの。まさにテレビ界のレオナルド・ダ・ヴィンチでした。

巨泉さんが司会の番組で、斬新だったものをもう一つ挙げるとすれば『ビートポップス』という歌番組。ポップスが大音量でかかる1階のフロアで若者たちが踊る中、巨泉さんと局アナは中二階のような場所にいて、ヒット曲のランキングを紹介していました。

カウシルズという海外のバンドが流行った時には、「牛も知ってるカウシルズ。

うっしっし」とダジャレを交えて紹介すると、これがドカンとウケる。翌日には、みんながこのセリフを口にしたものです。ちなみに「うっしっし」というのは、巨泉さん特有の笑い方です。

経済が成長し豊かになるにつれ、人びとの間には「自由に遊びたい」という欲求が芽生えてきました。その欲求に対し、ギャンブルからエンタメ、お色気まで、あらゆる遊びに精通していた巨泉さんは、「うっしっし」と笑いながら、次々と余裕で応えていきました。

そんな巨泉さんのことを、「押し付けがましい」「威張りすぎる」と煙たがる視聴者は確かに一定数いました。

しかしその一方で、出る杭として打たれることがないよう、社会に溶け込み生活をしている謙虚な人たちに、巨泉さんは夢を与えてくれた。「俺もああなりたい」という強い憧れの対象となった。

そして、はじめは異端の破壊者だったのにいつしか、

「野球は巨人、司会は巨泉」

というキャッチフレーズが板につくほどの、まさに時代を代表する司会者となったのです。

「司会外司会」で動物園の檻からサファリパークへ出ていった

テレビの司会者の概念をぶち破った大橋巨泉さんですが、闇雲に破壊したわけではありません。巨泉さんは新日本プロレス時代のアントニオ猪木さんとよく似ている、そう僕は思います。

猪木さんもプロレスの世界では完全なる破壊者。ジャイアント馬場さんが秩序だった枠からはみ出さない「プロレス内プロレス」というならば、猪木さんは、その枠をぶち破った「プロレス外プロレス」の立役者です。

1976年2月に日本武道館で行われた「格闘技世界一決定戦」で猪木さんは、オランダ人のオリンピック柔道金メダリスト、ウィレム・ルスカ氏と戦います。これが異種格闘技のはじまりでした。

同年6月には、ボクシング世界ヘビー級チャンピオンのモハメド・アリと対戦。この対戦にかかった費用は610万ドル。とんでもない借金を背負うことになりました。

しかも、試合自体も、ほとんどのプロレス技が使えないという制約がある、猪木さんにとっては非常に不利なもの。それでもとにかく実行に移す。

残念ながら、当時は酷評されましたが、今でも猪木さんを伝説化する大きな要素となっています。

プロレスラーという殻をぶち破った猪木さんのベクトルは、ハレの日の進行役という司会者の殻をぶち破った巨泉さんと同じです。

自分の属している世界の殻をぶち破って、千手観音のごとくいろんなものを持って好き勝手にその手を伸ばしてみた2人は、言うなれば「動物園の檻を破って出た猛獣」のようなもの。

しかし、だからといって街まで飛び出していくわけではない。一応あるエリアの中には収まっている、いわばサファリパークの中にいるような状態。そこで思う存分、自由にやる。このバランス感覚が素晴らしい。

バランスある反骨精神。

おかしな表現ですが、そんなものが巨泉さんの根底に流れていると思います。それは、一世を風靡した〝パイロット万年筆〟のテレビCMにも顕著に現れていました。

みじかびの　きゃぷりきとれば　すぎちょびれ
すぎかきすらの　はっぱふみふみ

一応、五・七・五・七・七になっていますが、CMなのに何を言っているのかさっぱりわからない。

「みじかびの」は、巨泉さんが即興でつくった言葉です。よくよく考えれば「きゃぷりきとれば」は、ペンのキャップを取るっていう言葉遊びですし、「ふみふみ」は「手紙」のことだから「万年筆で手紙を書け」っていう裏メッセージと捉えることもできる。だからまったく意味がないとまでは言わないけれど、でもやっぱりほとんど伝わらない。

これまでの紋切り型の広告を皮肉ったかのような、

「商品説明をしても興味が無ければ見ない。それなら自分から調べたくなるCMにしてやろう」

という巨泉さんの反骨精神が発揮されたCM破壊だったと思うんです。

しかし、破壊しただけで終わらない。巨泉さんの言った意味をおしつけない呪文《じゅもん》が流行りに流行って、CMが流れた翌日から商品は飛ぶように売れ、業績不振だったパイロットの株価は爆上がり。CMとしては大成功となったのです。

これは僕の想像ですが、この時、巨泉さんは遊び感覚で未来を予見していたのではないでしょうか。

あのCMがあんなにウケて商品が飛ぶように売れたということは、これからはもっと感覚的なCMが流行る時代が来るだろうということを予見していた。そんなふうに思えてならないのです。

『世界まるごとHOWマッチ』巨泉式おもてなし

テレビというのは「世の中の後追い」をするメディアです。これはもう宿命的です。巨泉さんが活躍した時代は、すでに一家団欒《だんらん》が失われつつありました。国策で戸建てや団地が次々と建てられ、核家族化、少子化に向かっていた時期だったんです。大ヒットドラマ『時間ですよ』も『寺内貫太郎一家』も、これから消えつつあるだろう、いやすでに消えつつある大家族をやっていたという見方ができる。

『8時だヨ!全員集合』もそうです。子どもからお年寄りまで楽しめる『8時だヨ!全員集合』を放送することで、その時間帯にだけかりそめの一家団欒を生み出しました。

巨泉さんが司会をした『世界まるごとＨＯＷマッチ』も同じです。テレビの前で家族揃って食後にお茶でも飲みながら「世界にはこんなところがあるんだね」と語り合う、１時間限定の一家団欒をつくった番組です。

僕は、フリーランスに成り立ての頃に、この番組にゲストで呼ばれた時のことを今でもよく覚えています。

巨泉さんがいて、ビートたけしさんがいて、石坂浩二さんがいる。常連の極みの中にポツンと、飛び地のようにゲストが入るんです。

収録がはじまる前から、常連たちが楽しそうに話す中、居場所なんてあるはずもない。これからバラエティ番組がはじまるのに下を向いているのはおかしいけど、かといって仲間うちだけで盛り上がっている中に入れる雰囲気でもない。正直、「なんだよ」と思いました。

でも、いざ番組がはじまると、ヨイショされるんです。

「あー、君面白いね。だから呼んだんだよ。今日は古舘君の回だからね」とみんなに優しくされる。

僕は僕で、さっきまでの疎外感があったものだから、逆にハングリー精神が湧いてくる。視聴者からすると、常連の3人の中で僕だけが熱量を上げてムキになっているように見えるわけです。

そんな僕を石坂浩二さんが「まあまあ」となだめ、たけしさんが「うるさいんだよ。古舘おまえそこまでだよ、バカヤロウ」とぶった切り、巨泉さんが「うっしっし」と笑う。

実はこれ、居候とのあつれき込みの古き良き一家団欒の構図とよく似ています。

この番組がファミリーにウケたのは、登場する世界の話題が面白いからだけではなく、そんなスタジオの雰囲気も大きかったのではないでしょうか。

しかし、収録前に安易に優しさを振りまかれていたら、僕のハングリーエンジンはかからなかった。そう考えると、巨泉さんはゲストのそんなことも見越して司会をやっていたのかな？　と思います。

巨泉さんは、僕が司会をしていた日本テレビの『おしゃれカンケイ』にも2回出演してくれました。

楽屋に呼ばれて行ってみると、

「おまえだから出るんだよ、バカヤロウ」

と言う。必ず「バカヤロウ」って言うんです、親愛の情を込めて。嬉しかったですね。でも「何でバカヤロウって言われて嬉しいんだろう」って、ちょっと自分の中で動揺もしましたけど。

現存する伝統的司会と言える、『世界ふしぎ発見!』

今、伝統的な司会らしい司会者なんて、草野仁さんぐらいです。

1986年に放送開始し35年目になる『日立　世界ふしぎ発見!』は、世界各地の歴史、風土、文化の謎を紹介する番組ですが、僕から言わせれば、『草野さんふしぎ発見!』です。

今時、優しい口調で、

「それでは、VTRどうぞ」

なんて恭《うやうや》しく促すのは草野さんぐらいしかいません。しかし、あの番組の視聴者は長年見ているご高齢の方も多いし、レギュラー解答者には、もはや〝ご本尊化〟している黒柳徹子さんもいます。

だからこそ、NHK出身で、もともときっちりとした感じで進行する草野さんの「クラシカルな司会」が見事にはまっているんです。

とはいえこれは本当にレアケースで、司会者は、今や時代劇であり、絶滅危惧種です。

巨泉さんの時はまだ、司会業というものはしっかりとありました。そして巨泉さんは司会をジャズのフリーセッションのようにしました。

しかし、巨泉さんのあとぐらいからは分業化が進んで、1人で仕切る、ピンで場を回す司会者は終焉に向かっていったように思います。

ちなみに、男女並びのツインの司会が増えたのは1960年代からですが、フジテレビが画期的だったのは、お昼のワイドショー『3時のあなた』で森光子さんを司会に抜擢したことです。

森さんの横に男性司会者がくっついている構図は画期的でした。あれはテレビの中におけるホストの走りでしたから。

そしてこの構図は今も数々の番組で受け継がれています。

お昼にサングラス。革命的MCは、スフィンクス的ご本尊へ

タモリ

『森田一義アワー 笑っていいとも!』。お昼の番組なのにサングラスをかけて出てきたタモリさんは、それだけで革命的でした。

タモリさんをモノマネする時のおなじみのフレーズ「髪切った?」。テレフォンショッキングのゲストに時々言っていたセリフですが、髪を切ったことに気づいてくれるって単純に嬉しい。実は、特に質問のないゲストに言っていたセリフという説もありますが、あれを秀逸なコミュニケーション術と思う人はたくさんいますよね。

ここだけを切り取っても、タモリさんは「相手を立てる司会者」です。相手を立てて、泳がす。泳がし名人です。

僕は、1984年から3年近く、同番組内の『激突!食べるマッチ』という

コーナーを毎週木曜日に担当していたので、タモリさんとは週1ペースで顔を合わせていました。

基本マイペースなタモリさんですが、いつも早く来て、いろんな芸人さんのオーディションを見ていました。打ち合わせめいた打ち合わせは一切しないけど、スタッフや芸人さんと楽しそうに雑談をしていましたね。

そして、いざ番組がはじまると、相手を立てながら淡々とこなしていく。

気負いがないように見えるけど、僕は、芸人さんで気負わない人はいないと思うんです。タモリさんの中にだってメラメラとしたものはあるはずなんですよ。だけど、それを種火ぐらいまでぐっと抑え込むのが上手だったんじゃないかなと思います。

32年も続いた長寿番組でしたけど、当初は「絶対に当たらない番組」と揶揄《やゆ》されていました。

真っ黒いタレ目のサングラスをかけたタモリさんは、案の定、「暑苦しい」「昼に向かない」など散々な言われようでした。

でも、こうした反発があるからドラマが生まれるんです。

第一印象で「嫌い」だったMCほど、病みつきになる

ＭＣを生業《なりわい》にしている人は一度は何らかの反発を受けるものです。ちなみに僕も、「このおしゃべり野郎の古舘が！」と言われ続けました。

しかし、どんなに反発を受けても、繰り返し見ているうちに、見ている側に昼間にサングラスをするタモリさんへの耐性ができてくる。すると何かの拍子に「好き」にひっくり返る。反動のドラマというべきものが起こるんです。

これは昔の大ヒット曲が誕生するのによく似ています。

僕が知っている中でいえば、最後のロングラン大ヒット曲は、１９８５年に発売された小林旭さんの「♪北国の〜、旅の空〜」ではじまる『熱き心に』。老若男女、全世代が聴いたからこそ、３年もの間、ヒットし続けたんです。

前に友人の秋元康氏から、『熱き心に』の作詞をした阿久悠さんのこんな名言を

教えてもらったことがあります。

「もうロングランになるようなヒット曲は生まれないだろう。なぜならば〝街鳴り〟がなくなったから」

これは未来を予見した名言です。

街が鳴る。

昔はいたるところで有線から音楽が流れていました。

喫茶店で流れ、居酒屋で流れ、スナックで流れる。別に聴きたくもない曲を四六時中、聴くことになる。

でもこれ、CMの「15秒スポットの鉄則」と同じで、〝ザイオンス効果〟と言って、見たくないのに繰り返し見ているうちに、「面白いCMだね」なんて予定調和的に言い出す。そして、いい商品に思えてくる。だから、わざと繰り返し短い15秒スポットを流し続けるんです。

有線でかかった耳障りだったあの曲が、のちに好きになるのも同じで、それが『熱き心に』のようなロングラン大ヒットに繋がったわけです。

イヤホンやヘッドホンで個々が思い思いの曲を聴く現代で、ロングランヒットが誕生しないのは当然至極なんです。

『笑っていいとも!』はテレビ版の街鳴りを起こしました。

お茶の間で流れ、ランチタイムの定食屋で流れ、電気屋の店頭で流れる。

別に観たいわけじゃないけど、お昼になるとタモリさんを観ている。ザイオンス効果が起きて、だんだんタモリさんのことが好きになってくる。

しかも、はじめに反発があった分、トランポリンに乗ったかのごとく高くプラスに転じます。

男女の関係でも同じようなことはありますよね。

第一印象は「嫌な男」「嫌な女」と思って反発しても、2回目以降、ちょっとしたことがきっかけで「意外に優しいし、いいやつだな」と思った途端に、相手の印象はマイナスから、リバウンド状態でバーンッと3倍ぐらいプラスになる。

バタフライナイフを隠し持っていてもおかしくなさそうに見える人相の悪い男が、

横断歩道でおばあさんの手を引いていたらどうですか？　はじめ「悪そう」だと思った分、反動で、「めっちゃいいやつ」にガラリと評価が変わります。

サングラスをかけたタモリさんがお昼の人気司会者になれたのは、昼休みになるとみんなどこかで『笑っていいとも！』を目にする、そんな時代だったから。

昼休み、個々がスマホを見ている今では、タモリさんの身に起きたようなことは、もう起きない、そんな気がします。

スフィンクス化した、タモリという存在

進行役は必要だけど、司会進行はいらない。

アナログからデジタル化への流れが加速したのと同様、今、「会を司る」という機能は、時代の要請ではないんです。

今や、会を司るものが必要なのは、結婚披露宴と葬儀と首相会見の記者との質疑応答の時くらいでしょう。

でも人間は、過去の絵巻を鑑みる習性のある生き物です。

司会が不要になっても、司会的メルクマールは鎮座していてほしい。それがご本尊化したタモリさんであり、ビートたけしさんです。

もはやクフ王の大ピラミッドの前のスフィンクスみたいなものです。いなきゃ困るけど、何もしなくていい。

タモリさんの『ミュージックステーション』、たけしさんの『TVタックル』然り。もうそうなっていますよね。

『ミュージックステーション』なんてほとんどしゃべってないから、いっそ動かないでもらいたいと思うぐらい。タモリっていうエンブレムがそこにあればいいんです。

そこに時々、『ブラタモリ』なら「坂が好き」とか「傾斜が好き」とか「歴史に造詣が深い」といったことが加味されて、すごい! って話になるわけじゃないですか。

『タモリ倶楽部』だって、キャッチフレーズの、

「流浪の番組『タモリ倶楽部』です」

をこの頃言わなくなりましたからね。あの番組自体が記号化しているところがあるから、「流浪」の「る」を言っただけで通じるっていうのもあるんでしょうね。メルカリのＣＭもそうです。タモリさんはマンションの管理人さんみたいな役どころで、建物から学生らしき若者が出てくる中、枯れ葉を掃除しながら「メルカリ」って言うだけ。もはや、ほうきを持った妖精です。ビールのＣＭにも出演していますが、あれも「こりゃ、美味いねえ」って言っているだけでこっちは大満足。とげぬき地蔵の秘仏のような有り難さです。

しかし、昔のタモリさんをアーカイブ映像で見ると、すごくアグレッシブです。有名な四ケ国語麻雀やイグアナのマネだけじゃなく、わけのわからないシュールなしぐさを続けたり、ビジーフォーと絡んでナンセンスなジョークを言い続けたり、さすがは唯一無二の存在、すべてが面白い。

２０１４年にオンエアしていた『ヨルタモリ』でやっていたヘビーメタルのマネとかは絶品。既存のお笑いを超えている。

一世を風靡する人には、ある意味テロリスト的な要素があり、予定調和をぶち壊す役目を担っているのです。

それにしても、45年も前のタモリさんのアーカイブ映像を見ても、45年前のものには見えない。色褪せていないんですよ。

あの感じは、2018年の第69回NHK紅白歌合戦に特別出演した桑田佳祐さんに通じるものがありますね。

『希望の轍』と『勝手にシンドバッド』を歌いましたが、『勝手にシンドバッド』に至っては発売年が1978年です。それなのに全然、色褪せていない。

何でこんなに変わらないんだろう? と思ったら、なんのことはない。見ているこっち側の脳が曲や存在を神格化して、固定しちゃうんです。

諸行無常ですから、タモリさんだってそりゃ変わっていくわけです。だけど、こっちの脳が固定しちゃうから、30年ぶりにスフィンクスを見に行っても変わらないように感じるのと同じなんですね。

長期熟成したシングルモルトのようなMC

僕は思うんですよ、タモリさんやたけしさんは〝熟成したウイスキー〟のようになっているって。

海沿いなどに並ぶ巨大な倉庫を思い浮かべてください。

倉庫って二つの役目があると思うんです。

一つは、鮮度の高い魚などを一時保管しておく役目。

あくまで需要と供給のバランスを保つために商品の一時お預かりをしているだけ。供給されずにいつまでも倉庫に入ったままだと鮮度が失われ、商品価値が落ちてしまいます。年代物のマグロの刺身なんて食べたくないでしょ。だから倉庫の中身は、常に循環している。

もう一つの役目は、逆に留めおくことで熟成させ、価値を高める役目。

タモリさんがいるのは完全にこっち。ウイスキーの樽熟庫。

タモリさん自身は、50年もののシングルモルトのようなもの。だからちょっと飲むだけでいい。

たまに「メルカリ」とか「美味しいねえ」と言うだけで見ている側は満足する。

テレビという目まぐるしく移ろいゆく世界、典型的な諸行無常の世界では、なにか心の拠り所が欲しくなるものなんですよ。ご本尊化したタモリさんは、まさにその役割を担っているんです。

「さんまと愉快な仲間たち」へトーク化するMC

明石家さんま あかしやさんま

明石家さんまさんのことは、あえて「さんまちゃん」と呼ばせてもらいます。

お笑いビッグ3の中で、ビートたけしさんやタモリさんの司会は、招き猫みたいな存在で、そこにいてくれればそれでいいという感じですが、さんまちゃんは逆にずっとしゃべる芸風ですよね。

でも、だからといって、そのしゃべりで司会をしているわけでもなければ、進行をしているわけでもない。

『踊る！さんま御殿!!』の進行役は、「イーヒッヒッヒ」と笑いながら机を叩く差し棒の音。あのしぐさと棒の先にくっついた「さんま人形」が司会進行役であって、あれで一区切りついて句読点がつき、

「次。おまえはどうや」

と促しているわけです。それで「さんまちゃんと愉快な仲間たち」というトークショーを構成していく。

さんまちゃんは常に、「見て見て、見てよ」って、自分の業を客体化しています。

誰しも心の奥底にある「ウケたい」とか「目立ちたい」とか「自分中心でいたい」とかいう業を笑いに変換して、「俺はそういう人間なんや」って出すのがめちゃくちゃ上手いです。

あれをされたら、みんな「可愛い」って思っちゃうんですよ。でも、さんまちゃんじゃないとやっちゃダメ。

例えば僕がやると、「こいつ、いい歳してイタいな」って思われます。だけどさんまちゃんなら、「可愛い」ってなる。年齢は関係ないんですよ。

TBSでやっていた坂上忍ちゃんの番組『1番だけが知っている』でビートたけしさんの単独インタビューをやった時、

「長い芸人人生で一番天才だと思った人は?」

という定番の質問に、

「やっぱり、さんまだな」

って答えたんですね。『オレたちひょうきん族』の時も、どんなにムチャぶりしても全部返してくれた、ありがたいことこのうえない。さんまのおかげでタケちゃんマンもやれたし、やっぱりさんまは天才だ、みたいな主旨の話をしたんです。

それを受けて気をよくしたさんまちゃんが、別の機会に単独インタビューを受けて、「いや、光栄だわ〜」と、面白おかしく話していたんですが、つくづく天才は天才を呼ぶんだなと思いましたね。

たけしさんは転がすのが上手いし、さんまちゃんは転がされながらも自分を出すのがめちゃくちゃ上手い。自分のわがままさを〝弟分〟として出せるから。タケちゃんマンとブラックデビルの関係は、今思えばブラックデビルがどこか弟分なんですよ。

昔、『笑っていいとも!』の金曜日に雑談コーナーがあったんですけど、あれはタモリさんとさんまちゃんの天才同士のトークでした。

名曲って何年たっても古臭くならないじゃないですか。トークもそういうところがあって、タモリさんとさんまちゃんの話は、雑談なのに時を超える。今見ても新鮮です。

さんまちゃんが出てきて、タモリさんが迎え入れて、

「それで、どうしたの？　3日前」

「よう言いまんなぁ、タモさん」

って、そこからはじまって、完全に弟分になってダダをこねて、それをタモリさんがいじってツッコんで、またワーッと自分中心にしゃべって。

かと思ったら今度は、弟分のさんまちゃんがお兄ちゃんのタモリさんに気を遣ったり。気を遣っているところを、わざとアピールする。タモリさんはタモリさんで、

「あんたの手には乗らないの」

って感じでかわす。そんなのがずーっと続くんです。

7割ぐらいはさんまちゃんがしゃべっていたんじゃないかな。あれにはすごい弟力を感じましたね。やっぱり、「可愛い」って思わせる天才です。

ちなみに金曜日のその雑談が、伝説になった日があります。話がいつまでたっても終わらず、時間が押しに押してしまったんですよ。これじゃ他のコーナーは入らないし、CMも入れなきゃいけない。

それでもしゃべり続ける2人に対して、突然「ドーン」という効果音を流して、「CMにいけ」っていう垂れ幕がバーッ降りて来て、強引にCMにいったんです。スタッフがいざという時のために用意していたんでしょう。テレビがめちゃくちゃ面白かった時代です。

煙に巻くのに本質を突く、それがプロ

お笑いビッグ3は、ただ面白いことを言える天才というだけじゃなくて、世の本質を突いたことを言いますよね。

私事になりますが、さんまちゃんとの忘れられない出来事があるんです。局アナ時代、今から四十年近く前のこと。プロレスの実況で売れはじめた頃です。

吉本興業（現・よしもとクリエイティブ・エージェンシー）の東京支社長から「うちに入らないか」と誘われたことがありました。

吉本興業なんてお笑いの王国じゃないですか。

「なんでアナウンサーの僕なんですか？」

と聞いたら、部門を広げたいとのこと。今なら、様々なジャンルの人が吉本と契約していますが、当時はまだお笑い専門。それまで僕は吉本に行きたいと考えたことはありませんでした。芸人さんじゃないんだし。でも、「フリーになりたい」欲はその頃から十分にありました。

そんな時、まだ顔見知り程度だったさんまちゃんと、たまたま廊下ですれ違ったので、

「ちょっとご相談があって……」

と、控室に引きずり込んだんです。

「吉本の東京支社長からお誘い受けたんだけど、僕は吉本興業に行ってもいいですかね」

とストレートに聞いたら、言下《げんか》に、

「やめなはれ」

と。そしてたたみ込むように、

「うちなんか来たら大変や。ギャラのほとんどは事務所に持ってかれまっせ！」

半分ネタだけど、半分は本当だと思いました。それでチラリとよぎった吉本興業入りはやめました。いきなり相談されたのに、即座に「やめなさい」と答えるさんまちゃんの、あの本質を突く部分はすごいですよね。


もちろん、すごくないところもありますよ。

『オシャレ30・30』っていう『おしゃれカンケイ』の前身の番組の司会を僕がやっていた時、ゲストだったさんまちゃんが5時間半ぐらい遅れて来たんですよ。悠長な時代で、みんなでずっとスタジオで待っていました。

さんまちゃんは遅れてスタジオに入ってくるなり、

「すんません、すんません、すんません」

って、ちゃんとみんなに頭下げて。でも、一応言っておかないといけないと思い、収録の冒頭で半分冗談半分本気で言ったんですよ。

「何でこんなに待たせるんですか。何時間も何時間も待たせて。釈明しなさい」

って。そしたら僕の方を向いて真顔で、

「古舘さんやから本当のこと言うわ。赤坂プリンスホテルに泊まってたんですわ」

朝の8時半ぐらいにロビーに着いたマネージャーから、

「そろそろ下りてきたらどうですか」

とキレ気味に電話がかかってきたんだけど、でもこの言葉に、

「芸人を甘く見られちゃ困る。絶対に下りるもんか」

と思ったと。そして、スタジオに行きたいのをずっと我慢してたって言うんです。7割ぐらい話をつくっていると思うんですけど、

「ぐーっと我慢するこの気持ち、わかってな」

と言って笑いを取る。かなわないと思いました。さんまちゃんだから許されるんですよ、これは。

究極の不遜も、天才がやればサービスになる

噺家のレジェンド、立川談志さんもそうでした。

談志さんなんて、会場にすら来ない。

「客席がいっぱいでございます、師匠」

と言われた途端、

「古舘、日比谷の美弥っていうバーで待っててくれ」

って高座をすっぽかして、行きつけのバーに僕を呼び出して、

「俺だってやりてえよ。やりてえけどさ、やっぱ人の意表を突かなきゃ芸人として失礼にあたるから。これ、逆サービス、裏サービス」

そんなふうに言うんですよ。でも逆に、客の入りが悪い時は自ら出ていって、

「おい、今日来たやつらにいい話するぞ、古典いくか」

なんてやっていました。究極の不遜も、天才がやることで反転してサービスになる。

さんまちゃんがみんなを待たせたこと、わがままを演じるために部屋に籠城《ろうじょう》した

こと、全部含めてネタになったんです。

でもいまは、コンプライアンスとハラスメントと炎上がこの世の三尊像となってしまって、つまんなくなっちゃった。

「ともかく笑えや」という人生訓

「さんまちゃん、本質を突くことを言うなあ」ともう一つ記憶に残っているのは、6年ぐらい前の新聞記事。

娘のIMALUちゃんが、お父さんのさんまちゃんと自分にまつわるエピソードについて語っている記事でした。

久々にお父さんと電話で話した。こんなこともあった、あんなこともあったと自分の苦労やグチを話したら、いつもは「何や、それは」とツッコんだり、盛り上げたりギャグにするお父さんが、全然そういう反応をしない。

ただ、「うんうん」と真面目に普通のお父さんのように聞いてくれる。

半分戸惑って、半分ちょっと嬉しくて、ずっと憂さを晴らすがごとく、グチグチ言っていたら、最後の最後、すべて言い終えて、もう話すことがなくなった時、さんまちゃんが、

「じゃあ、一つだけ言うてええか」

と言って、

「何?」

と聞いたら、

「笑え」

「ともかく笑えや」

と連呼して電話を切ったと。

僕はこの話、感動しました。『報道ステーション』でニュースキャスターをしていた頃で、僕自身、ちょっとテンパっている時期だったので、余計に最後は笑うべきだと思ったんです。

よく言われることですが、棺桶に名声や地位、財産を入れることはできません。

人は、この世に来た時は孤独に生まれ、あちらの世界に行く時も孤独に去ってくわけじゃないですか。人生の本質はそこだろうと思った時に、自分で獲得した命じゃないなら、生かされているだけなら、この世を天国だと思って、つらい時も楽しい時も最後は笑えばいい。そう思ったんです。

水戸黄門の歌じゃないけど、人生楽ありゃ苦もあるさ。苦楽は一対。苦楽イコール人生だから。

そういう意味では僕は、「笑えや」って本質だと思います。

「笑えや」と言うことで、どれだけの人が救われるか。「人生の本質は笑い」というのは、さんまちゃんに教わった気がします。

数年たって、さんまちゃんの番組にゲスト出演させてもらった時、この話をしたんですよ。「本当に勇気づけられました」と。

さんまちゃんはそれを聞いて、

「古舘さん、そんなん褒め殺しやん。そんないい話にせんといて」

と言って煙に巻いてましたけどね。

「実家感」を醸し出すビリケンMCは、日本一の雑談王

笑福亭鶴瓶

しょうふくていつるべ

笑福亭鶴瓶さんもだんだんご本尊化してきていますよね。存在も見た目もビリケンさんみたいになっている。

鶴瓶さんの醸《かも》し出す「実家感」って、凄まじいものがありますよね。

12年間務めた『報道ステーション』が終わったあと、NHKの『鶴瓶の家族に乾杯』に出させてもらったことがあります。

ステキな家族を求めて日本中を巡る〝ぶっつけ本番〟の旅番組。

もちろん台本なんてありません。その時は、新潟の南魚沼郡の米どころのロケでした。本当に〝ぶっつけ〟で、村はずれの小さな神社で僕が待ち伏せしていると、鶴瓶さんが入ってきて、そこからカメラが回りはじめます。

ものすごく久しぶりにお会いしたんですよ。そうしたら鶴瓶さん、僕を見つける

なりスーッと近づいてきて、

「何や、そんなとこ隠れて。久々やー」

って言ったんです。僕だったら、久々の再会にちょっとじーんとしながらも、

「野暮だけど、今までのことを振り返っていいかな」

ってどうしても色々としゃべりたくなってしまう。でも、鶴瓶さんは、「何や、そんなところで隠れて。久々やー」とまるで同じ村の子ども同士が、「やっぱり、ここにいたー」っていうような感覚で話し出す。

「何で大人がそんなに自然なんですか?」とビックリするわけです。

素直にそう言ったら、「何言ってんのや」とニコニコ。「ようわからんわ、言ってることが」と言われて、そのままワイワイしながらロケがはじまったんですが、僕としてはかなり感動するオープニングでした。

南魚沼でのロケ中は、鶴瓶さんがちょっと前を歩いて先導してくれました。僕は、弟分のようについていくだけでいい。とっても楽でした。

鶴瓶さんはやっぱりすごいなと思ったのは、知らない人の農家の母屋に入っていく時です。僕だったら、

「すいません。どなたかいらっしゃいますか〜」

とか、

「すいません。突然来て申し訳ないんですけど」

とか、声を張り上げてしまうんですけど、鶴瓶さんの場合は違います。

ある農家の母屋を見て、

「暗いやん、ここ」

と鶴瓶さんが言ったら、ちょうどそこからおばあさんが出てきたんです。そうしたら、何て言ったと思います?

「えっ、今、何してたん?」

普通は、「驚かせてすいません。NHKですけど」とか言いますよね。そんなのまったくありません。

おそらく、自分の顔は知られているから認識してくれるだろうと信じている。さ

らに、おばあさんが鶴瓶さんを見てビックリするだろうという保険もかかっている。

だから、「ビックリした?」じゃなくて、「何してたん?」と言えるんです。

僕のこと驚かなくていいからね。こっちはちゃんとあなたを気遣っているからね。

「何してたん?」のひと言には、そんな意味が込められていると思います。

でもこれ、一歩間違うと振り込め詐欺ですよ。「おばあちゃん、元気? 何してたん? 印鑑持ってきて」みたいな。

話しかけられたおばあちゃんは、

「『何してたん?』って、え? なんで? そこにいるの? あー、ビックリした鶴瓶さん。あら、古舘さんも来てるの? どうしたの?」

気が動転しているのはおばあちゃんの方なのに、

「いや、ビックリした、おばあちゃん」

って言いながら、もうおばあちゃん家で靴を脱ぎはじめるんですよ。

「え、鶴瓶さん。上がるの?」

おばあちゃんが聞いてくるそばで、

「古舘さん、上がって、上がって」

ところは自分の実家か！　と言いたくなるような振る舞いをするわけです。しかもその後で図々しく、

「せっかくだから魚沼産のコシヒカリでご飯を炊いてくれない？」

って、おむすびをつくってもらったんですが、そういう時には逆に、

「はよしてや。時間ないんや」

ってあおりますからね。それを受けて僕が、

「ちょっと鶴瓶さん。そんな失礼な」

ってたしなめる。絶対僕がそう注意することも全部わかったうえで、「はよしてや、時間ないんや」って言っているんですよ。

他人の家にいきなり上がり込んで、わざとダダをこねることで実家感を出す。音速で距離を詰める。

鶴瓶さんじゃなかったら逮捕されますよ。あれはすごい芸当だなと改めて思いましたね。

ゲストに金無垢を着せる、猪木プロレスのようなMC

鶴瓶さんって、一歩引いて相手を立てるイメージもありますよね。いまできる最大限の金無垢の衣装をゲストに着せてくれる。これってアントニオ猪木さんのプロレスと似ています。

相手の良いところを引き立てながらも、最終的には自分の勝利を目指す。それを実感したのは、深夜番組の『鶴瓶のスジナシ』に出た時のことです。鶴瓶さんとゲストがぶっつけ本番、台本なしで即興ドラマを演じるという、出演する側は非常に勇気のいる番組です。

ドラマの舞台設定は外国のチャイナタウンにあるような食堂。そのテラスに僕が座っているところからスタートしました。

そこで鶴瓶さんと出会って、お互い探り合いで即興ドラマを進行していく。

僕は地味な衣装を選んでおいて、遅れてきた鶴瓶さんの格好を見て、その雰囲気次第で流れを決めようと考えていました。

そうしたら鶴瓶さん、いきなりかましてきたんですよ。

金髪のロングヘアのカツラに真っ赤なチャイナドレスを着て出てきた。

反則じゃないですか。混乱させて様子を見たんだと思うんですけど、僕はもうどうしていいかわかんなくなっちゃって。

でも人間って窮地《きゅうち》に追い込まれると何か出てくるもので、なぜか僕がミシュランの覆面捜査員みたいな設定になったんです。気がついたら、

「食べることは生きてくうえで大事だけど、星を決める行為についてはこの頃反省してるんだ」

とか言っている。鶴瓶さんも、

「そらそうや。星なんかで決まらんわ」

みたいに合わせてくる。

最初こそかましてきたものの、鶴瓶さんは決して自分のペースに持ち込まない。あくまで僕のペースに乗っかってくれる。

人に合わせながら、上手くバトルをやる。泳がせ上手です。まるで50メートル8

コースのプールの監視員です。だって常に全体に目を配っていますから。

誰と組んでも相方を活かす雑談力

司会者という存在は廃《すた》れつつありますが、それでもまだ完全に絶滅したわけではありません。MCが中心に存在する番組も、まだあります。そんな番組での鶴瓶さんのMC力は一級品です。

何がすごいかって、鶴瓶さんは中居正広君はじめ、誰かと組んでMCをやる場合が多いですが、組んだ相方が活き活きしている。

あれは鶴瓶さんというビリケンさんがいて、その輪の中で安心して自由に振る舞うことができるからだと思います。

もう一つ僕がすごいな、日本一だよなと思うのは、雑談力。

鶴瓶さんの司会は、まるで雑談しているかのように進むじゃないですか。

「あれ、俺聞いたで。何やったかな」

「聞いたで」と自分で言ったのに「何やったかな」と続ける。もうここで矛盾しています。

「何やったかな、ほら、ほら、自分、金貸したやろ？」

って、全部断片的。雑談の極みです。僕だったら、

「ＴＢＳのディレクターに半月ぐらい前に聞いたんですけどね」

って、いつどこで誰がどうしたっていうのをわかりやすく伝えなきゃいけないっていうアナウンサーの名残を出してしまう。

これはこれで、ある場面では相手に緊張感を持たせ、「こいつ詰めてきたな」って思わせるのに有効なんですが、鶴瓶さんは真逆で、誰に聞いたとか、主語述語が全部後回し。

すると僕は、

「いや、鶴瓶さん。その話はね、半月どころじゃないですよ。３年も前の話です」

って補填《ほてん》しはじめる。

人は相手が、「俺聞いたで。何だったかな」って言いよどんだり、言葉に詰まったら、どうにか補填しようとして必死で話しはじめるものなんです。

そこにコミュニケーションの端緒《たんしょ》があるから。鶴瓶さんが雑談の極みをすることで、こちらが話しやすくなる。しまいには、主語述語が後ろに倒れまくって、

「笑うわ、本当に。あんな」

って、何のことかもうわかんないですよ。

でもそういう局面から、本音や思わぬ情動みたいなものが出てくることを鶴瓶さんは熟知しているんですよ。あの究極の雑談力は、他の人にはマネできません。

よく考えると鶴瓶さんがMCの番組は、どの番組も『スジナシ』っぽいところがありますね。リハーサルも、打ち合わせもせず、いきなり本番。

段取りも決めないから、どこへ流されるか着陸するかわからない面白さとヒヤヒヤ感があります。

実は、鶴瓶さんってリサーチ力が半端ないんですよ。打ち合わせに参加しないし、

制作の意向にも合わせない。

制作側からしたらちょっと困ったところはあるかもしれないけど、独自のリサーチ力がすごいから、前段階をすべてジャンプして本番を成立させることができるんです。

インタビューというより取り調べの域! 脅威の引き出し

黒柳徹子

くろやなぎてつこ

徹子さんは、どこから話せばいいのか。生けるテレビ、昭和からのすべてを背負い込んだ生き証人ですよ。

テレビ放送がスタートした1953年、テレビ揺籃期《ようらんき》、テレビがテレビ受像機と言われていた頃にNHK放送劇団に入団し、生放送のドラマに役者として出演していましたからね。ドラマが生放送ですよ。

昭和や高度経済成長期を語る時に必ず名前が挙がる長嶋茂雄や力道山。ここに黒柳徹子を加えなきゃいけないでしょ。役者からテレビ司会者になって、いまだに現役。ちょっと尋常じゃないですよ。

徹子さんといえば、『徹子の部屋』ですが、『音楽の広場』『ザ・ベストテン』『N

HK紅白歌合戦』、その数々の番組で司会をしています。テレビ司会の草分け的人物と言えば、男性は大橋巨泉さん、女性は黒柳徹子さん。殿堂入りです。

１９７６年からはじまった『徹子の部屋』は、１９７２年にはじまった『13時ショー』のノウハウを生かしてはじまったトーク番組です。

僕は１９７７年にテレビ朝日に入社したので、当時のテレビ朝日本局の楽屋に明かりがともり「黒柳徹子」って書いてあるのをよく見かけました。しょっちゅう収録していました。「すごい人がいるな」と思ったものです。


今もですけど、あのたたみ込む情報量と記憶力のよさ。すごいですよね。『徹子の部屋』で30年前とかの昔の映像が出てくることがあるじゃないですか。若き日の徹子さんの情報量は1人ウィキペディアです。

「だってあなたは、ちょうど3年前かしら？　3年前にこんなことがあって。ちっちゃな子どもと一緒に夏場でプールに、ぷーっとぷーぷーぷーぷー空気吹いて、こうやって一生懸命空気入れてね、ビニールプールつくってやって遊ばせてたら、そこで子どもがこてんと落っこっちゃって大変だったんでしょ」

ゲストが圧倒されるほどあらゆることを知っていて、

「そうなんでしょ？」

って言われたら、

「はい」

って言うしかないですよね。ほとんどオチまで言っていますから。本来の司会から外れていますよ。

「あの時、どんなことがあったんですか？」

って聞くのが正道じゃないですか。それを、

「こんなことがあってあんなことがあって、こうなったからこうなったってことは本当ですか」

って事前に調べたゲストの話を、徹子さんが全部トレースするんですよ。

あれはトークじゃないよ。いい意味での取り調べです。

「3時27分だろ。ビルを出たって言ってんのは。おまえが言ったことと同じじゃないか、これ。防犯カメラにも記録されてるんだよ。そのあとにタクシーで移動しただろ。これ間違いない。本当か」

「はい。それはもう、本当にその通りです」

これと同じ。

早口で優しくて可愛いけど、やっていることは強面のベテラン刑事と同じ。あんなふうに追い込まれたら完落ちするしかないですよ。

黒柳徹子は、MC界の鹿島建設だ

僕も何回も『徹子の部屋』に出させてもらっていますが、すごいんですよ、取り調べの調書が。もとい、トーク用の資料が。ディレクターが取材したことやご自分で調べたことがズラ～ッと書いてあるんですよ、巻物みたいに。それ見ながらやるんです。

「だって、あなた小さい頃、周りがおしゃべりで家族の中で一番無口だったらしいじゃないですか。そのあたりはどうなの?」

「はい、もうその通りです。でも実は」

基本線は徹子さんが全部言ってくれるので、なんとか枝葉末節《しようまっせつ》に逃げて、まだ徹子さんが知らないところをどうにか伝えられないか考えるわけです。

徹子さんはMC界の鹿島建設です。

コンクリートで基礎を造り、鉄骨を建て、外壁をつくる。もう外側はすべてつくってしまいます。ゲストの役目は内装です。

「実は、幼稚園生の時に母親とプロレスラーと女優の名前を200人ずつ言い合ってまして」

「あら、そうだったの」

なんとか徹子さんの知らない話という内装を仕上げることができた。そうホッとできるのも一瞬です。すぐに基礎工事がはじまるから。こちらも休む間もなく内装工事に精を出さなければならない。

そんな『徹子の部屋』に出るのをみんなが喜ぶのは、脳が活性化するからでしょうね。

ボーッとしていたら、

「どうなの」

「その通りです」

「どうなの」

「その通りです」

「どうなの」

「その通りです」

で終わってしまう。

ここで頑張んなきゃと思わせるのは徹子さんの才能ですね。

一生懸命しゃべらなくちゃと思うほど、生き字引ならぬ、生きペディアとして情報を出してくる。だからこちらは頭をフル回転して、

「そこはそうじゃないですよ、実はね」

って、なんとか直したり加えたりしようとする。そうすると徹子さんは、「あら、そうじゃないの？　あたしそれは全然知らなかった」ってちゃんと受け入れてくれますから。それで黒柳徹子というウィキペディアはさらに充実したものになっていくんですけどね。

徹子さんは、「逆・関口宏」なんです。

関口さんについては第3章で詳しく分析しますが、関口さんは「ん？」「で？」しか言わないから、ゲストの方が全部話そうと思いますよね。9割ゲストが話す。徹子さんの場合は8割自分でしゃべってしまう分、残り2割分をゲストが頑張って話す。

関口さんあっての徹子さん。

徹子さんあっての関口さん。

どっちかが欠けてもダメです。将来、「MC博物館」にぜひ対《つい》で展示してほしいものです。

『報道ステーション』に黒柳徹子、降臨!!

『報道ステーション』を辞める1年ぐらい前でしたか、ダメもとで徹子さんに出演依頼をしたらゲストで来てくれたことがありました。

金曜コメンテーターとして話をしてくれて、残りあと40秒ぐらいしかない時です。株と為替を伝え、

「若干の円安に振られていますね。徹子さん、今日はありがとうございました」

と言って、残り20秒。そこで、僕と徹子さんのツーショットから引いて、カメラが切り替わった。俯瞰で上から撮っている状態になったんです。

その瞬間、僕と徹子さんの狭いツーショットから広がり、今でも使っているブーメランテーブルと呼んでいる長いキレイなテーブルあるじゃないですか。あれが全部映り、女性アナが3人映ったんです。

小川彩佳と、スポーツを担当している宇賀なつみ、お天気をやっている青山愛、この3人。それと僕と徹子さんだから5人が映ったんです。

それを見た徹子さんがひと言。

「古舘さん、本当にいい番組やってるわね、あなた。こんなにキレイな人たちに囲まれちゃって、有り難いと思わなきゃダメよ」

このひと言にはハッとさせられました。

毎日番組をやっているとルーティンになっていて、ストレスが溜まるだとか、ニュースキャスターは大変だとか思っていたけど、確かに、こんなにキレイな人たちに囲まれている職場なんかありゃしないとつくづく思いました。

恵まれていることに感謝しろってことですよね。あの徹子さんに言われると、それはもう神のご託宣《たくせん》です。ご利益ありそうな後ろ姿の移動神社に二礼二拍手一礼しました。

それで徹子さんを送り出してから、

「小川、宇賀、青山。ありがとう」

と言いました。

「徹子さんの言う通りだ。僕は、そういう発想であなた方を見てなかった。ありがたいことなんだ」

って。まあ宇賀は聞いちゃいなかったと思うけど。

徹子さんは、さりげなく本質的なこと言うんですよ。おまえが頑張っているのは、よくわかる。だけど、もっと素朴な地平に立てば、恵まれた環境で仕事ができる喜びがある。あんまり悩んでばかりいないで、自分が置かれている場をあらためてよく見てみなさい。そうすれば、「こんなに幸せなことないんだな」って思いに立ち戻れる。

時々刻々 初心忘るべからず 謙虚たれ。古舘プロジェクト佐藤孝会長の座右の銘です。

徹子さんにこの時の話をしても、「覚えてないわ」って言われるかもしれないけど、「いいこと言ってくれたなあ」とあとあと僕の心に強く響きました。

「ほら撮ってあげて！　古舘さん、今日は笑ってますよ」

ニュースキャスターって、銀座とかのクラブに行っちゃいけないんです。情報ワイドの司会者は行っていいんです。

これは金科玉条《きんかぎょくじょう》じゃないですが、不文律。誰も言わないけどそういう空気が漂っているんです。

ニュースキャスターは、ジェンダーギャップとか、女性の人権問題などのニュースにも対応する職業です。

「こういうところは許されませんね」

と話している一方で、銀座のクラブで偉そうにブランデーの水割り飲んで女の人をはべらして、

「もう1杯つくってよ」

っていうのは矛盾している。だから僕も自主規制して、12年間1回たりともクラブ活動はしませんでした。

でも、本当はクラブに行きたいという深層心理を徹子さんに見抜かれたんでしょうね。

思えば、ゲストに出ていただいたあの日、用意した台本は飛ばして、

「ほら、皆さん、もう1回古舘さんをワンショットで撮ってあげて！　ほら笑ってるでしょ、この人。ずっと笑わないでニュースやってるから。大変よね。今日は笑ってますよ、古舘さん」

って言ってくれました。

つらさはわかる。やりがいもわかる。楽しみなさいね。

これって人生の極意ですよね。

悩まないのもダメ。楽しんでばっかりいるのもダメ。どちらかに偏ることなく、中庸でいる。

徹子さんにはそういうことを僕は教わってきたんです。

第2章

芸人・タレントMCがバラエティをかき回す！

平成・令和の仕切り術

予定調和をぶっ壊し、プロをかすませた部室芸

とんねるず

とんねるずのお笑いって、ひと言で言えば〝部室芸〟です。

帝京高校で野球部だった石橋貴明、サッカー部だった木梨憲武の部室芸なんですよ。高校の部室で大爆笑のうずをつくる人がいましたよね。その権化です。

『お笑いスター誕生!!』というオーディション番組で「貴明&憲武」というコンビ名で出ていた時から、面白いネタを交互にやり続けるだけで一切相方をいじらない。内容も、内輪ウケしかしないようなクローズドな笑いで、ボケたりツッコんだりしないんです。

当時、これは画期的でした。それまでの漫才は、ツービートにせよ「ボケとツッコミ」が明確に分かれていましたから。だけど、とんねるずは「ボケもツッコミもしない」んだから。

時代は80年代、バブルへ向かっていく潮流の中で、世の中は既成のスタイルをぶち壊して欲しいという欲求に溢れていた頃です。

とんねるずは、歌手としても大ヒットを飛ばしました。1984年に発売された3枚目のシングル『一気!』。応援団を想起させる学ランを着て、

「押忍! 帝京高校出身東武東上線成増在住 石橋貴明!」

というセリフからはじまり、

「♪酒さえ入れば一気! 一気! 一気! 一気!」

とあおる。これも部室芸です。

秋元康氏はとんねるずの「何をやらかすかわからない素人っぽさ」を上手くすくい取って作詞し、プロデュースしたから、ぶっちぎりの面白さに仕上がったんだと思います。

もう一つ、とんねるずが他の芸人と決定的に違ったのは、〝アイドル化〟して

いったことです。

阿久悠さんによるとアイドルとは、

「アイドルは、手の届く高嶺の華。もしくは、手の届かない隣のお姉さん」

まさにとんねるずは、「手の届かない隣の面白いお兄さん」。部室芸だったからこそ隣の面白いお兄さんという親近感が湧き、アイドル化していったんです。

僕はこれを「真のセミプロ登場」の瞬間だと思っています。

バブルとマッチした、セミプロの勢い

それまでの芸人の世界は、世間との間に高い壁のようなものがあって、素人がやすやすと入り込める世界ではなかった。魑魅魍魎《ちみもうりょう》が跋扈《ばっこ》する、どこか薄暗い見世物小屋的な世界。でも、とんねるずはそんな壁を一切気にすることなく飛び越えた。

もうご存じじゃない方も多いかと思いますが、彼らは高校卒業後、いったん企業に就職しているんですよ。貴明はセンチュリーハイアット東京に、憲武は東京ダイ

ハツ販売に就職し、それを1年足らずで辞めて、「やっぱりお笑いがやりたい」とオーディション番組で部室芸をしたら、バカウケしたわけです。こんなやり方でお笑いの世界で成功したコンビは、僕が知る限り、それまで皆無でした。世はバブル。テレビが活況だった時期と相まって、とんねるずは一気にスターダムにのし上がりました。

セミプロだから、悪い意味でのこだわりがない。自分たちが面白いと思ったら、『一気!』のような宴会芸もできるし、『雨の西麻布』のように演歌をパロることもできる。

そんな天才的セミプロのとんねるずが人気者になったら、何が起きたのか。お決まりのプロがちょっとかすんじゃったんですよ。『フジサンケイプロアマトーナメント』みたいに混然一体化しちゃったんです。『オールナイトフジ』、『夕やけニャンニャン』、『ねるとん紅鯨団』、そして『とんねるずのみなさんのおかげです』。セミプロの彼らが天下を取って社会に旋風を巻き起こします。

「ちょっと待ったー」「大どんでん返し」「ツーショット」など彼らの言葉は次々と流行。司会業界にいた僕でもセミプロの彼らが天下を取ったことは、かなりの衝撃でした。

ましてやお笑い業界の人たちは、例えるなら、ネットの台頭におののいたテレビ業界のように、かなりの震撼《しんかん》が走ったことでしょう。

貴明は、お笑い界のタイガー・ジェット・シン

究極のセミプロとして登場し、時代をつくったとんねるずですが、厳密に言うと2人の個性には差があります。

憲武は、最初から若干プロっぽかった。北島三郎さんのモノマネをやらせれば天下一品だし、70年代、80年代のソウルフルな黒人歌手の世界をパロッても上手い。モノマネも、歌も、何をやらせても一級エンタメに変えてしまう。天才的プロのワザです。

貴明の役どころは何かっていうと、セミプロを演じて、プロの秩序を壊しにかか

る。いわばお笑い界のタイガー・ジェット・シンになるんですよ。

『オールナイトフジ』の中で『一気!』を歌った時、貴明が突然テレビカメラに抱きつき、1500万円もするカメラを倒して壊してしまう事件を起こしました。

プロならば、いくら無茶をやっても、そこまではやらない。でも、貴明はやる。そしてそれが語り草となる。

渋谷公会堂で生放送していた『NTV紅白歌のベストテン』に出演した時も、生放送で歌っている途中に突然、貴明が客席に降りていって、小さな赤ちゃんを抱っこしていたお母さんから、赤ちゃんを奪ったんです。赤ちゃんは泣くじゃないですか。でも、赤ちゃんを抱いたまま歌い続ける。カメラはそれをずっと追っています。プロはこんなこと絶対にしないです。やっちゃいけないことをやる。

無茶苦茶もある程度のパターンの中で繰り返していると、次第に芸になってくる。どんどんプロ化してしまう。

貴明はそれから逃れるために、わざと狂気の沙汰ともいえるハプニングを時々起こして、予定調和を最も嫌う、狂乱のアマチュアを演じていたと思うんですよ。

紅白でさえ場外乱闘が許される、とんねるずの特権

貴明は、あのセミプロ感覚をプロレスから学んだんじゃないでしょうか。

僕が貴明と仲良くなったのは、テレビ朝日の局アナ時代。彼がプロレス好きだったから、まだ売れていない頃に、たびたび会場に招待していました。

プロレスって、リング上の闘いを第一ルールとすれば、リング外の場外乱闘が第二ルールとして存在しているんです。全日制と定時制みたいに。

場外乱闘はライトアップされていない薄暗がりですから、リング上より凄味というか、リアリティがあるんですね。貴明は、予定調和が崩れる魅力をプロレスから学んだんだと思います。客席に降りて子どもを拉致して、抱っこして歌いきって、ちゃんと返す。まさに場外乱闘です。

1991年の第42回『NHK紅白歌合戦』では、その年に大ヒットした『情けねえ』を引っさげ出場しましたが、パンツ一丁に見えるボディスーツを着て、そこに赤と白にボディーペイントしているという奇抜な格好で登場。しかも、最後に後ろ

を振り向いたら、背中に「受信料を払おう」って書いてあった。

たとえ紅白でも、予定調和をぶっ壊して場外乱闘にする。究極のセミプロに徹するために、ここ一番という時は、常軌を逸しないといけない。その矜持。僕としては感涙ものです。

あの紅白は、見た人はみんなド肝を抜かれたはずです。でも、とんねるずの場合は、見ている方も、実はハプニング込みで見ています。

彼らのこれまでの実績というワクチンを接種しているから、すでに免疫がある。だから視聴者も、NHK自体もおたつかない。驚くけど、どこか安心して見ることができるんです。

『夜のヒットスタジオ』歌の途中でCM事件

貴明との忘れられない〝事件〟は、僕が司会をしていた毎週水曜日の21時2分から2時間生放送していた『夜のヒットスタジオDELUXE』です。

この番組では僕も、セミプロ感を頑張って出していました。内田裕也さんに向かって「ロックンロール界の狂犬」とか「ロックンロール界のカダフィ大佐」と言って、「ちょっと、それどうなの古舘君」と脅されたり喜ばれたり。あの番組では僕なりに場外乱闘していたつもりです。

ただし、司会進行に関してはプロに徹しました。一緒に司会をしていた芳村真理さんはあまり時間を気にしない方だから、「僕がその役どころだ」という意識が強く働いたんですね。

大トリの人が歌いきって「この放送は、ご覧のスポンサーの提供でお送りいたしました」という5秒間が流れるところまでを時間内に収めないと放送事故になりますから。2時間の間に、「ここは15秒削って」「インタビュー巻いて」と指示が出たら、その通りに進行して、ちゃんと全部曲が入るように切り盛りするのが役目だと思っていたし、実際、毎週それをやっていました。

今時は、そういうギリギリをするような司会者魂なんていらないでしょうね。しまいには音楽番組の生中継なんてＡＩが時間計算まで全部やるようになるでしょう。

でも当時は、オープニングで真理さんと2人、階段から降りてきて、「真理さん、こんばんは」ってやりだした瞬間からディレクターから巻きの指示が出ることもしばしば。

真理さんは自然体だからそれでよくて、僕が調整しなきゃいけない。ひどい時は、僕が「こんばんは」を言う前から巻きの指示が出る。さすがにイラッときたけど、それが僕の仕事だと思って頑張っていたんですよ。「絶対に、全部入れるぞ」ってやってました。

そうやってプロに徹していたつもりの司会進行に関して、貴明がらみでめっちゃ頭にきたことがあったんです。

ある日の『夜のヒットスタジオDELUXE』の出演者にとんねるずがいて、「♪一番偉い人へ 俺たちは今何をするべきか?」という出だしではじまる『一番偉い人へ』というヒット曲を歌うことになっていました。

とんねるずが登場したのは、番組の終盤。彼らの歌も後半にさしかかって、「あと1曲ぐらいで番組も終わりだ」っていう時だった。
いきなりCMに入ったんです。曲の途中で、ですよ？
茫然自失《ぼうぜんじしつ》。一瞬、頭の中がホワイトアウトしました。
だって、こんなことあり得ないですから。一番やっちゃダメなことですから。
あれ？　どういうこと？　ここでCM入れないと最後のCMを消化できないから、
強引に入れたってこと？
うわっ、大変だ。どうしよう。いや、でも、この事態、プロの僕がなんとかしな
いといけない。
そうは言っても、内心では大パニック。CMが全部消化できなかったら大変な放
送事故になって、司会者の名折れになる。全スタッフを代表してなんとか時間繰り
をしなくちゃ。
プロの自分が責任感に駆られつつも、セミプロの自分も顔を覗かせる。頭の中が
完全なる分裂状態。
強制的にCMになっちゃったんだから、とんねるずにも謝らなきゃ。もう1回

歌ってもらうようにお願いしなきゃ。脳内タイムキーパーをフル稼働させて、「インタビューを削れば、とんねるずが歌って、大トリの人が歌っても、何とか時間内に入るだろう」そう判断して、とんねるずに、

「とにかくもう1回歌ってもらわなきゃ困るから。憲武、貴明ここにいて。こっちの全面的なミスだから」

2人は、ただ突っ立っていました。

真っ青になってスタッフのいる場所に走って行こうとしたら、プロデューサーが降りてきたんです。そしてひと言。

「ごめん、古舘さんに言ってなくて」

すべては貴明と話し合って決めた〝遊び〟だったと。

「ちゃんと隠し時間も取ってあるから。もう1回歌い直せるから大丈夫」

って、言うんですよ。あれは一生、忘れられないですよ。毎週、

「古舘さんの双肩にかかっているから、よろしく」

ってプレッシャーかけて、それに応えるべく僕もプロとして必死でやっていたの

に。あとで貴明も平謝りでした。

「すいません。俺が古舘さんに言うべきだった」

と。でも僕は、貴明には怒りを感じなくて。なぜなら、彼はプレイヤー。しかも常軌を逸することを旨とする、究極のセミプロなんですから。

いけないのはプロデューサー。単に言い忘れただけなのか、それとも僕が慌てふためく姿も狙いだったのかはわかりませんが、さすがに頭にきた。

もう帰ろうかと思いました。でも、そんなことしたら、それこそ職場放棄。立川談志さんなら、満席でもすっぽかして帰っちゃうけど、あれは談志さんだから許されるのであって、僕がちょっと頭にきたからといって、生放送の途中で帰っちゃうのはプロとしてダメだと思ったので、普通にニコニコと最後まで司会をやり切りました。でも、はらわたは煮えくり返っていたので、終わった直後、楽屋にも戻らず、着替えもしないで、そのまま帰りましたね。

とんねるずは、ハプニング込みだから面白い

この事件だって、とんねるずからしたら、面白いハプニングを起こしたという意味では、ただただセミプロ感に徹しただただけですよね。

僕もプロレスの実況を10年やってきた人間なので、何かを企《くわだ》てる面白さもよくわかるし、場外乱闘を仕掛けていくあの世界が大好きなんです。

だから、秩序を重んじる正統派の司会者だったら、ただ怒り心頭で終わると思うけど、僕は彼らの気持ちがわかる。心のどこかで賛同している。でもそれは、僕に度量があるんじゃなくて、単純にそういうことが好きなんですよ。

だけど司会者である限りは、悲しいかなそういう企てはできません。

それをとんねるずが代わりにやってくれた、そんな代理満足もあったと思います。なにより痛快な企みだったしね。

そのワクチン接種がきいているから、のちの忌野清志郎さんが仕掛けた、ザ・タイマーズの夜ヒット生での放送禁止用語連発事件では、あんまりパニックにはならなかったな(笑)。

テレビ業界を「玄人のもの」に引き戻した鬼才

ダウンタウン

僕がテレビ朝日を退社してフリーに成り立ての頃、『花王名人劇場』という演芸番組のスペシャル版があって、その司会を1回だけやらせてもらったことがあるんです。

その時、当時はまだ、東京では無名だったダウンタウンが出てきたんです。19才くらいの時の、松本人志と浜田雅功。これがもう、圧倒的に面白かった。

その時のネタを、僕の記憶を頼りに再現すると、

浜田「ちょっと体調悪すぎて、もしかしたら先生、がんかもしれないんだけど」
松本「じゃあレントゲン撮りましょうか。ちょっとそこにいてください」
浜田（怪訝そうにしている）

松本「そこにいてください」
浜田「わかってます。ここに」
松本「そこにいてくださいよ。ちょっと衛星から撮りますから。気象衛星ひまわりから撮りますから」
浜田「気象衛星で撮るな!」

活字じゃまったく伝わらないと思いますが、ずば抜けた漫才でした。尋常じゃなく面白い。

彼らの黎明期《れいめいき》を目撃した者としてちょっと偉そうに言わせてもらうと、あまりにも面白いネタは、自分の常識が邪魔するから笑えないんですよ。

こちらは何かオチがあるはずだと思って構えているから、シュールな展開に一瞬ついていけなくなるんです、固定観念が邪魔して。ダウンタウンはそこを上手く突くなあと感心しました。

浜ちゃんのどつきは、アントニオ猪木の闘魂ビンタと同じ

浜ちゃんは絶滅危惧種の司会業という業種の中で伝統を継承するラスト司会者の1人です。

今やクラシカルな司会進行をちゃんとやっているのって、浜ちゃんと、ダウンタウンと同じ時代に活躍して、バラエティの基盤をつくったウッチャンナンチャンの2人、『秘密のケンミンSHOW極』のMC爆笑問題の田中裕二君、『M－1グランプリ』の今田耕司君ぐらいですね。本当に少なくなりました。

『芸能人格付けチェック！ 2020お正月スペシャル』に和田アキ子さんと組んで出た時のこと。

浜ちゃんが司会で、俳優の桐谷健太君も出ていて、彼が浜ちゃんと仲良くてボケたり笑いを取ったりしていたんです。

タキシードを着てる浜ちゃんがムッとした演技をしながら「何やお前」「何をわざとボケてんだ」って桐谷君を思いっきりどついた。どつかれた桐谷君も、仕掛け

た浜ちゃんもなんか嬉しそう。

面白いから横でニコニコ笑って見ていた僕が思わず、

「一歩踏み込んで、ちゃんとした迫力を持ってひっぱたいてすごく仲良さそうっていうのは、あり得ない司会者ぶり。お見事!」

と実況調で褒めたら、

「古舘さん、分析すんのやめて。そこを言われると面白くなくなるから」

と注意されました。

でも、どつく司会者なんて浜ちゃん以外にあり得ないでしょ。今も昔もいないですよ。司会者はいい人、責任をまっとうする人。そういうイメージがある中で、容赦なくどつく。しかも、どつかれて喜ぶ人がいっぱいいる。「どつき」がちゃんと芸になっていて、儀式化しています。

あれは、アントニオ猪木さんの闘魂ビンタとまったく同じですね。

浜ちゃんの代名詞ともなっている「結果発表〜!」。ああやって声を張り上げるのも、昔の司会者のパロディですよね。

ドラムロールがドロロロロロロって鳴って、

「それでは第45回歌謡大賞。大賞の発表です！」

みたいなのを崩して、

「結果発表〜！」

ってやるわけですから。

悔しい！ と思うほど絶妙なディテール

一方、松ちゃんはもう司会者のカテゴリーになんて入らない。「面白いことを言う人の権化」。分析不可能です。

だいぶ前、僕が『ワイドナショー』への出演が決まった時、予習として自分の出る前の週のオンエアを見ていたら、嵐解散のニュースをやっていたんです。これに対し松ちゃんが、

「解散しても大晦日に復活して、嵐から五十嵐《いがらし》になればいい」

ってコメントしていて。他の人が言ったらドン引きされるだけですけど、松ちゃんが「嵐から五十嵐へ」って言うと、もうそれだけで面白くなるんです。

無難なことを言わなきゃいけないムードがピークに来ている時、そのいやらしさも含めた緊張感が臨界点を迎えた時に、松ちゃんがふと変なことを言ってその場の空気を緩ませてしまう。そんなシーンもよくありますよね。

『一人ごっつ』でやっていた「写真でひと言」の大喜利もすごかった。その中でもよく覚えているのが、ベンツのステーションワゴンの写真を見てひと言ってやつ。いかにもなファミリーカーで、後ろ座席にはヨークシャーテリアみたいな犬、娘や息子らしき小さい子もいる。助手席にはお母さん、運転席にはお父さん。高速道路の上でちょっとだけ渋滞中といった感じ。運転しているお父さん以外の家族の3人と愛犬がウワッとこっち見て、何かを指差して笑っている。

このわかりやすい一家団欒の写真で大喜利。

凡庸にいくなら、みんなが同じ方向を見ているんだから「あ、ほら、お父さん。

花火」とか、「わあ、夕日がキレイ」になると思うんです。

でも、まっちゃんは、「うーん」ってうなったあとでひと言。

「あ、ほら、お父さん、志村けん」

これには面白いを通り越して、嫉妬しました。

僕はどうしても細かく描写したり、物事の本質の一端を分析、分解、解剖する性分があるんです。でも、松ちゃんは、たったひと言で、志村けんさんの笑いを楽しむ一家という幸福の構図を表す。

もはや芸術ですよ。笑顔からなのか、車のディテールからなのか、つれている愛犬の表情からなのか、品行方正なお父さんの表情からなのかわかりませんし、こんなふうに分析するのも嫌だけど、何かのディテールをすくい取って、「あ、ほら、お父さん、志村けん」。

ファミリー感を「志村けん」で表すなんて、絶妙です。

セミプロは部室芸、プロは楽屋芸

浜ちゃんも松ちゃんも「コンビ仲が悪い」という定説にのっとって、バラバラで仕事をする時は、よくお互いの悪口を言いますが、それも全部ちゃんとネタになっていますよね。あれは、舞台裏を露わにする楽屋感です。

これって、とんねるずの部室芸とは似て非なるものだと思うんですよ。どこが違うのかと分析してみたんですけど、とんねるずは究極のセミプロ。ダウンタウンは完璧なプロ。

セミプロは芸において部室感を出す、一方プロは楽屋感を出す。そこがこの2組の大きく異なるところなんだと思います。

どちらがいいってものでもなくて、セミプロのガチ感もドキドキするけど、プロの練られたバラエティもいい。時代の揺り戻し現象ですね。

百人ものゲストを束ねる、〝引き取り〟が上手いＭＣ

今田耕司

いまだこうじ

『Ｍ－１グランプリ』で司会している時の今田耕司君は、上戸彩さんが進行するから、司会に徹しています。

あの番組って、審査員がいっぱいいるし、今田君がわざと司会然としてタキシードを着ているのも含め、レトロ感がありますよね。

審査員を上手にいじりながら、絶妙な仕切りをしています。

今田君がＭＣの『ファミリーヒストリー』にゲストで出たことがあるんですが、その時も、やっぱり今田君は上手いと感じました。

昔の大橋巨泉さんのように真ん中にどんと座って、「古舘さんのルーツを今日は探らせてもらいますよ」というような、司会者然とした司会の弁は今田君には一切ありません。

なんというか、もわ〜んとはじめてくれるんです。

普通、番組の収録は「10秒前、9、8、7……3、2、はい、キュー」とカウントダウンとともに緊張感が高まりゆく中ではじまるので、それが司会者にも伝播《でんぱ》して、「こんばんは、今夜もはじまりました、○○です」

とちょっとかしこまった感じではじまりがちです。

でも、『ファミリーヒストリー』という番組は己のルーツと出会い向き合う番組だから、テキパキはじめられるより、もわ〜んと穏やかに、さかのぼっていくような感じだと、ゲストとしてはやりやすいんですよ。

他にも、上手いなと思ったのは、司会っぽくないフリをフェイクで入れてくるところ。

プロレスの実況中継をやっていた時、僕のしゃべりは「古舘節」と言われていました。それ関連の話は出るだろうと思っていたけど、それを「あの古舘節って、どこから来たんですか?」と直球で聞かれたら、少なからず僕自身の歴史を話さなきゃいけなくなるじゃないですか。でもそれだと番組の主旨、ファミリーのヒストリーからずれてしまいますよね。

だけどそこは、今田君は上手い。

「古舘さんって、何でも描写できるし抜群に上手いけど」

え、まさか実況の話をストレートにしてくる？　と一瞬緊張させておいて、

「あれ、どっから来ているかといったら、やっぱり親戚とかおじいちゃん、おばあちゃんとかに、そういう上手い人がいたってことですか？」

みたいな感じで聞いてくれたんです。

一瞬緊張させて、「親族に誰かそういう人いました？」って包んでくる。ここで司会の逆転が起きるんですよ。僕があたかも司会者のように、

「え？　それを今日はこの番組でやってくれるんですよね？『ファミリーヒストリー』なんだから」

と返す。すると、今田さんが、

「もちろんやりますよ」

こんなやりとり、アナウンサー系の司会者なら、絶対に起きません。

もう一つ、今田君の司会で感心したのは、自分を出すべきところではちゃんと出すところです。番組が中ほどまでいい感じで進んだ時、僕ら世代の司会者であれば、「いやー、おじいちゃんもお父様もこれだけ苦労されて、ずっと外地でやって、何といっても戦争があって、こういういきさつがあったんですね」みたいな、もう1回返すっていう定番があるんですが、今田君はそれを端折《はしょ》る。

「マニラの港に向かう途中、敵方の魚雷が発射されて、これ空砲で船に当たったから、お父さん死なないで済んだんですね。うちの親父もそうなんですわ」

司会を放棄して自分の話をするんです。すると2人で「同じじゃないですか。空砲同士なんだ。だから我々は生まれてきたんだ」って親近感が生まれる。

この出しどころが上手いんですよ。それまでは滅私状態だったのに、急にウワッて胸襟開いて自分を出すから、こっちも出せる。

この人なりの起承転結があるんだなと思って感心しました。

とにかく、「誘い出し」と「引き取り」が上手いんですよ。

「誘い出し」というのは、僕にツッコませて、「それをやりますから乞うご期待」っていうアレ。「引き取り」は、僕があんまり調子に乗ってしゃべっていたら、「そろそろ、行きましょうか」っていうやつですね。

この切り出し方が上手い。

芸人だからというのもあるのでしょうけど、芸人なら誰でも司会ができるというわけではない。やっぱり今田君はすごい司会者です。

僕と今田君はプライベートでのお付き合いはないので、『ファミリーヒストリー』で会ったのは18年以上ぶり。彼が出演してくれた『おしゃれカンケイ』以来でした。だから収録がはじまる前に楽屋に挨拶に行ったんです。実は、久しぶりだったからというよりも、ずっと気になっていることがあったので。

『おしゃれカンケイ』に出演してくれた時、学生時代から仲良しのヤスダ君っていう友だちの話をしてくれたんですけどね。彼が変わり者で、独り者の今田君の家にふらっとやって来て、3ヶ月ぐらい滞在したあと、またふっといなくなって、3年ぐらい音信不通だと思っていたら、ケータイもない時代ですから、代々木上原の公衆電話から「今田、行ってもいいか」と電話をかけてきて、またふらっと戻ってくる。それを繰り返している友だちだという話でした。

それで、番組が仕掛けたサプライズとして、ヤスダ君に登場してもらったんです。奇妙でカラフルな格好して入ってきて、タレント以上にタレントでした。面白くて、風変わりで。

『ファミリーヒストリー』収録前に、そのヤスダ君の話をしたかったんです。いきなり楽屋を訪ねた僕を感じよく迎えてくれた今田君に聞きました。「ヤスダ君はどうしていますか」って。

「何でそんなことを覚えているんですか?」

って、かなりビックリしたあと、

「あれ以降、2回程会ったきり、もう10年くらい会えてませんね」

「え、でも5年に1回ぐらいのペースで来るって」

「いやいや、最近は全然。探してはいるんですけどね。それにしても、よく覚えてまんなあ」

楽屋でひとしきり盛り上がりました。

僕は、「ヤスダ君のことを聞きたい」という具体的動機があって楽屋を訪ねたんですが、あとから思うと、番組冒頭から〝今田司会術〟をフルで出してもらいたいがための前戯だったかもしれませんね。

ポンと楽屋を訪ね、ヤスダ君のことを覚えているんだってアピールして。ヤスダ君をダシに和んでほぐれておいて、遺憾なく、ド頭から今田司会術を見せてほしい。そんないやらしさがあったような気がします。

前戯の効果があったかどうかはわかりませんが、あの時は思う存分、今田司会術を堪能させていただきました。

ざわついたまま黙らせる『オールスター感謝祭』の仕切り

『オールスター感謝祭』の司会は、普通の番組よりはるかに大人数のゲストが出ているのを束ねなければなりません。今田君は、100人以上いても、誰かに振って上手く回収できる。先ほどの「引き取り」が上手いからまとめられるんです。

そしてもう一つ、「私は何百人を束ねている司会の演技をしています」っていうのが上手い。だって今は、昔のように司会者1人が責任を取るわけではなく、責任分散の時代です。何百人を束ねても、司会者だけに責任がのしかかるわけではありません。

昔の司会者だったら、場内がざわついたら、

「ちょっと静まってください。まったく統制が取れていません。大変なことになりますから。いいですか。このあと相撲大会が待っているんですから、ちょっと静まって。いいですね。ダメと言ったらダメです。はい、黙った。はい、じゃあここからいきますよ」

こんな感じでまさにあからさまに統制して束ねようとしますが、今田君はそんなことはやりません。

「ちょっと黙っていただけると有り難いんです。皆さんだって責任ありますよ?

ね？」

って、笑いながら言って、ざわざわしながらも黙らせるのが上手いんです。

「司会を演じている私を見て」

というお芝居をやるから、みんながそれを見て笑う。劇中劇で笑わせることで統制を取り、最後は黙らせてしまう。


『M－1グランプリ』もそうです。

あれも、「司会を演じている私」がいる。審査員が、

「今田ええなあ、本当に。キレイなお嬢さん隣にいて」

って言う。普通だったら、

「関係ない話じゃないですか。じゃあ次のコンビいきますよ」

みたいに切り替える。でも今田君は、

「いや、確かに改めて見ると、たいしたもんですわ。本当ドレスがお似合いで。私もそれに合わせてタキシード着てきて大変です。これあつらえてんですよ。私、そ

れなりに体鍛えてますから」

「もうええわ」

自分から統制を取ろうとはしません。「ちょっとそこ、好きにもめといてくれますか」ぐらいのこと、平気で言いますからね。

でも結果的に統制が取れてくる。そこが心地よいんです。

司会めいたものは懐メロ。その残り香を持っている

これは司会のマネごとやっていますっていう〝アマチュア感〟だと思うんですよ。司会業に徹する時代じゃないけど、司会めいたものは懐メロとして残したい。今田君にせよ、爆笑問題の田中裕二君にせよ、そういう懐メロはちゃんと持っているんですよ。

今田君のこの感じ、どこで身につけたのかと考えたんですが、やはりダウンタウンの存在が大きいんじゃないでしょうか。

今田君は、若手の頃、ダウンタウンっていう社長がいて、そのもとで幹事のような役割をしていましたよね。

プロ中のプロであるダウンタウンのもとで幹事をするには、逆にアマチュア感があった方が何かとやりやすかったんだと思うんですよ。

ダウンタウンのもとで幹事としての経験を積み、気がついたら100人ものゲストを束ねることができる大幹事長になっていたんですよ、今田君は。

でも、幹事長というより、今田君が官房長官になって定例会見やってくれたら、嬉しくて毎日見ちゃうな（笑）。

司会ガンジス川の源流に最も近い脊髄反射のMC

爆笑問題

ばくしょうもんだい

『サンデージャポン』のゲストにダレノガレ明美さんが出た時のこと。「ダレノガレさ、今回ニュースになってるけど」と言う時に、太田光君が、

「かまいたちさ」

って、ボケたんです。「ダレノガレ」と「かまいたち」。共通するのは5文字というだけで、まったく似ていない。そういうのをいくつも連呼する。

司会役の田中裕二君が「いい加減にしろよ!」とツッコんで、CMに入る。CMが明けて、もう違う話にいくのに、また太田君がダレノガレさんに向かって、

「アパホテルはさ、どう思う?」

すかさず田中君が、

「アパホテルじゃねえよ、ダレノガレだよ!」

田中君がツッコんでくれなきゃドン引きするだけだけど、田中君のおかげで見ていて異常に面白いんですよ、僕にとっては。

田中君は本当に上手い。テレビもラジオも全部、お見事。だから、彼が病気で休んだ時、太田君は元気がなかった。

僕がピンチヒッターでTBSのラジオに出たんですけど、太田君がすごく乗ってくれて、「田中がいないから寂しかった」って言っていました。

太田光の鞍上に田中裕二がいて鞭打って手綱を引いている。太田光に対する司会業をしているじゃないですか。いわば田中君は、太田光という祭りに対する司祭様。彼が手綱をひき、鐙《あぶみ》を踏み、鞭打つからこそ、太田君は輝くんですよ。

田中君のツッコミの反射神経はすごい。パーンとほんのちょっとフライング気味に入ってくる。

ツッコミは、早すぎるとつまらない。でも、遅すぎると間延びする。田中君はその絶妙なところでパーンとツッコミが入れられる。日本一だと思います。

しかも、太田君がずっとしつこくボケて、

「うるさいな、もう。うるさいな、おまえは」

と、ツッコミを入れた返す刀で、

「で、テリーさんどうですか」

と、パネラーに話を振る。おそらくあのツッコミに脳は使っていませんよ。完全なる脊髄反射。いや、太田君のボケを長年受け続けることで得たものだから、条件反射かもしれません。パブロフの田中です。

田中君は、基本は太田君の横にいて、爆笑問題として2人で司会をやることが多いですよね。そうすることで両方が映えてくるから。太田光には田中裕二。バラバラだと魅力が減衰する。山下達郎と竹内まりやみたいなもの。切っても切れない関係です。

談志さん、たけしさん、太田光。ここが一つの直参ライン

僕はね、太田君を見ていると、テレビもまだ捨てたもんじゃないなと思うんです

よ。あんなふうに常識破りな人が、第一線で活躍しているわけですから。だって、「生きてくことは苦しいから、せめてテレビを観て楽しみたい」

って時に、型破りで面白い芸人に活躍してほしいじゃないですか。

普通の筋肉しかないプロレスラーが面白みにかけるように、常識という服を身にまとった芸人なんて面白くないでしょ。

人間のどうしようもないところをおかしみとして突き詰める太田君を見ると、僕なんかは彼に「最後の芸人魂」を感じるんです。


太田君は確実に立川談志さんの系譜を受け継いでいます。

談志さんって、美空ひばりさんみたいなものなんです。ひばりさんもプロの歌い手に影響を与えるプロの歌い手でした。それと同じで、談志さんは、プロの噺家にしてプロの芸人に多大なる影響を与えました。

談志さんがいて、たけしさんがいて、太田君。ここが一つの直参ライン。常識壊し正当の系譜です。

談志さんは、落語をする時は、笑いに来ている客をなるべく笑わせないようにしていた。この時点で、異常でしょ。

「うーん、北朝鮮。うーん、面白くない、何やっても面白くない。まあ、つまり、アウフヘーベンすると、アブストラクトしてくるから。もう飽きるしね、まあ、それは俺の落語が上手いってことだ」

とわけのわからないことを延々と言って、

「早く古典やってよ、談志さん」

と言われたら、

「バカヤロウ、おまえに言われて何でやるんだ。今日はやらねえからな。やらねえったら絶対やらない。帰ってくれよ、おまえ」

とお客さんを引かせる。これ、笑いに来る人たちの定番を崩しているんですよ。お客さんの方に、

「いやー、自分の固定観念揺さぶられちゃったよ。ただ笑いに来りゃいいってもんじゃないね」

って鋭意努力することを促して、最後は、現代落語で面白いことしてくれて、舌をぺろっと出すんですよ。

「やらかしちゃったな、悪かったな、気を悪くしないで帰ってくれよ」って意味を込めてぺろっと舌を出す。

これは談志さんから直接聞いたわけではないので僕の解釈になるけど、ああやってぺろっと舌を出すのは、「やっちゃった」ってことですよね。

談志さんは『現代落語論』の中で、落語は人間の業の肯定だって言っていますが、人間のいやらしさ、情けなさ、可愛げとか、そういうものをぺろっと舌を出すことで前面に打ち出したんだと思います。

司会ガンジス川の源流には「談志」がいる

談志さんは落語を壊し、再構築し、ビートたけしさんは常識を壊し、いろいろなものをぶっ壊しては映画作品を構築した。太田君には彼らに通じる〝破壊の系譜〟

があるんですよ。

我々の脳は固定化しがち。これだけ考えときゃいいんだ、見たいものしか見ない、見たくないものは見たくない。その方が楽ですからね。それをぶっ壊してくるんですよ。これぞ常識破りの正当派。合法的な通り魔です。

談志さんが昔、こんなことを言っていました。腕っぷしが強くてろくでもねえ生き方して、どうせ半端もんで生きるしかねえってのは、やくざ者になる。で、そんなに腕っぷしも強くねえし、かといって半端もんだし、ろくでもねえし、正業に就けるわけがねえ。そういう連中が噺家になって、ただ女にモテてえっていうだけで噺を落とそうと必死になる。

両者の真ん中に、「世間」がある。真ん中に、「世の間」である世間があり、その両サイドに、やくざ者と噺家がいる。

太田君は、自分が半端ものだということをちゃんと意識しているんじゃないかなと思うんですよ。

でも、今のテレビでそれをそのまま出すと刺激が強すぎて排除されてしまう。田中君がいるから成立しているんです。彼が太田光の専属司会者もしているから、テレビの中にどうにか留まっていられるんです。

しかし、改めて談志さんのことを振り返ると、彼の功績ってホントに大きいですね。あの人、『笑点』の初代司会ですから。『笑点』の大喜利は、談志さんが企画して、企画した本人が司会の席に座ったんです。

その後、ケンカをしたり、嫌だとか言って辞めてしまいましたが、実は談志さんも司会めいたことやっていたんですよね。

巨泉さんと談志さんは、今の司会の源流にいると思う。司会ガンジス川の源流には、談志さんという岩清水が湧いているんですよ。

「国民的MC」が持つ、ローション感と独自のパンチライン

中居正広

なかいまさひろ

今、「国民的MC」と呼べるのは誰なのか——。そう考えて思いつくのは、芸人MCではなく、中居正広である。そこが彼のすごさです。

じゃあ、中居君のどこがすごいのか。それは、「まるでローションを塗っているかのような、ぬめり感」。これが、僕が中居正広君に感じる最大の魅力です。

それをはじめて感じたのは、役者としての中居君に対して。2002年に公開された映画『模倣犯』を観た時でした。

中居君の演技はローションを塗っているような滑らかさ、器用さがあったんです。これ、観る人によっては、このローション感が嫌かもしれないと、親戚のおじさんみたいな心配を勝手にするぐらい上手かったんです。

『おしゃれカンケイ』にゲストで出てくれた時に、僕はこの話をしました。

「中居君て、目鼻立ちの整ったギリシャ彫刻みたいな彫りの深いカッコいい男というわけじゃないよね。それなのに、何でぬめっとした色っぽさや柔らかさを出す演技ができるんだろう。僕が女性だったら好きになるだろうな」

って、ものすごい素で聞いたら、

「演技ですよ！」

と軽く怒ったあと、

「古舘さん、ちょっとお言葉を返すようですけど、俺、めっちゃいい男ですよ」

って返してきて、ドッカンと笑いが起きたんです。僕は即座に切り返せず、原状回復できない状態になりました。

トークとボクシングって似ているんですよ。

ボクシングで一番有効なのは、カウンターパンチです。相手が1歩、2歩、ぐいっと踏み込んできたその刹那に一撃するのが最も効く。

先ほどの中居君とのトークでは、僕が褒めるつもりでグイッと1歩踏み込んだことに対して、

「俺、めっちゃいい男ですよ」

ってカウンターで言葉を繰り出してくる。

僕はもろくも崩れながら「そう出るわけ?」と思いました。

中居君は、司会の滑らかさ、卒《そっ》のなさ、上手さばかりがクローズアップされるけど、実はすごいカウンターパンチを持っているんですよ。

決して相手を傷つけない形で、でも、おたつかせる。これが本当に上手いんですよね。

「え、そこ攻めてくるの?」という焦点の当て方

話は飛んで2016年の『中居正広の金曜日のスマイルたちへ』に僕が出演した時のこと。

ここで僕は、中居君の真骨頂を見ました。ちょうど『報道ステーション』終了後に様々な番組に出るようになった頃で、やはりその話になったんですね。

「古舘さんは、『報道ステーション』を12年やられたわけですけど」

その言い方、眼差しは、前日に資料をあさった感じではありませんでした。そして続けて、こう言ったんです。


「爪、やすりで磨いてましたよね」


え……?

確かに、ヘアメイクさんが時々やすりで磨いてくれていました。ずぼらだから自分で手入れはほとんどしていませんでしたが、磨いてもらうだけでもツヤが出たんですよね。でも、それが、何……?

「古舘さんは、どうして『報道ステーション』でデスクの上で手を重ねていたんですか?」

と聞いてきたんです。

これには、僕なりのこだわりがありました。

例えば、両手の指をガッチリ交互に組んで「さて、今回の地球温暖化の件で国連の会議の中で」って硬いことを言うと、肩にも首にも力が入ってしまいます。でも、片方の手にそっと手を重ねる感じでしゃべると、落ち着いてかっこよくしゃべれる。〝気合い〟は入ってもいいけど〝気負い〟はダメだって思ったら、ああなった。自分の型になっていったんです。

中居君は、それに気づいて、興味を抱いてくれたんです。でも、それをストレートには聞いてこない。まず「爪」という意外なところから入って、僕が「え？」と驚いて前のめりになったところに、スッとカウンターパンチを入れてくる。

こういうふうに聞かれると、実はしゃべる方としてはしゃべりやすいんです。

独り言で見せる「あなたにはかなわない」

この時の『金スマ』で実感した中居君の真骨頂は他にもあります。

昔、ＴＢＳで大橋巨泉さんがやってた『ギミア・ぶれいく』という番組に、僕がゲストで出た時の映像が流れました。

移動放送席をぶら下げて、三軒茶屋の世田谷通りや茶沢通りといった大通りではなく、もっと脇の古い細い商店街の回転寿司店に入り、

「マグロの赤身が、今、２貫こちらにやってまいりました。まさに握り界のアルベルト・フジモリといったところでしょうか」

などと当時話題になっていた時事ネタを織り交ぜながら、

「マグロ漁船で時を過ごし、築地をトランジェットして、今、三軒茶屋でシャリと合体したマグロが……」

と実況していた。普通の司会者だったらＶＴＲを見ながら笑ったり、「いや、面白いですね、古舘さん」という反応をします。でも、中居君はそうじゃなかった。

完全に無視したんです、僕を。ずーっとモニターだけを見て、

「どこが違うんだろう」

「どこが普通のお笑いのジャンルと違うんだろう、この人」

「わかんないな……」

ずーっと独り言を言っていて、それが聞こえてくるんですよ、僕に。これがまた白々しくないんです。本当にそう思って言ってるから。

中居君は、分析しようとして分析できないという分析をしていたんです。これ、分析されることは、悪い気がしないんですよ。

僕もよく分析しますが、中居君との決定的な違いは、「これって、こういうところがあるんじゃないですか？　どうなんでしょう?」と研究熱心な自分を出しちゃうところです。

でも、中居君は一切僕の顔を見ないで、相槌を求めることもなく、〝分析できてないギブアップぶり〟を見せてきたんです。

中居君は、「僕には、答えが出ない」と結論を保留してくれた。

これはさっきのカウンターパンチと逆で、僕をギブアップさせたあとは、今度は僕を立てて、「私がギブアップします」と、1対1のイーブンに持ち込んでいるんですよ。

中居君から教わったMCの在り方

「結論を保留にする」という点で、もう一つ「なるほどな」と思ったのは、『金スマ』の最後の方で、僕の姉が42歳でがんで亡くなった話が出たんです。

姉は5年間、入退院を繰り返しながら闘病していました。僕はあとから知ったんですが、うちの親父は仕事を抱えながらも、昼休みには姉の病室に行き、腰のマッサージをしてまた仕事に戻るというのを毎日続けていました。

ある時、親父がべろべろに酔っ払って帰ってきて、「いや、嬉しかった」って誰に向かって言うでもなく独り言を言うんですよ。

「今日はエミコ（姉）が喜んでね。お父さん、ありがとうって言ってくれてね」

話を聞くと、実はこの日、いつものようにマッサージをして、

「ああ、お父さん気持ちいい。こうやってもらうと楽になる」

と姉が言った時に、

「エミコ、おまえは死ぬんだよ」

と言ったそうなんです。腹を決めて。

「おまえは死ぬんだよ。すべては時が風化するよ」

腰を押しながら肉体的な苦痛を若干和らげながらその隙間を縫って、

「ちっちゃな子ども2人が心配だろうけど、夫もいる、自分もいる、伊知郎もいる。そこは心配するな」

と言ったそうなんです。姉は黙っていたけど、嫌な顔はしていなかったらしくて。

当時がんの告知はしない時代でしたが、当人は気づいていました。大手術を3回もしたのにこれだけ苦しいんですから。でも、それを言うと家族を苦しませるから言えない。

親父はそのことがわかっていたから全部取り払って解放してやろうと、少しでも心持ちを楽にさせてやろうと思って言ったわけです。親父が笑いながら言う顔を見て、僕は泣きました。

さっきのカウンターパンチじゃないけど、親父が姉に対してやったことも同じ手口です。マッサージで気をそらせ、環境を整えてパッと言う。

親父がやったのは、死ぬことへのワクチン接種です。少しずつワクチンで死への恐怖に対する免疫をつくろうって作戦です。

これは覚悟がないとできないと思う。僕みたいなおしゃべりが、自分の子どもとか孫とか、近しい人の苦しみをやわらげるために、こんなことできるだろうかっていつも問い続けています。

この話が再現ドラマで流れたんです。中居君はどう言うかな？　と思ったら、「いやー、俺はちょっと違うんですよね」と、まったくフォローしないんですよ。普通、同意するでしょ、こういう微妙なことは。「お姉さんとお父さんならではのコミュニケーションだったんですね」とか言いますよ。仮に違うと思ったとしても、それは口にせず「んー」って表情するだけでいいじゃないですか。

でもそこを、「いやー、俺はちょっと違うんですよね」とはっきり言っちゃう。そうすると、こっちはどうなるか。僕が中居君を取りなすんですよ。

「いや、中居君が言いたいことはちょっとわかる気がする、全部はわかんないけど……」

とか言って、気がついたら中居君をフォローしているんです。

これは司会者の裏ワザです。ゲストに司会者やらせちゃう。これは高度なテクニックです。

それでも中居君は、肩を丸めて猫背にして、脇の下に手の甲をつけて、「んー」。言葉にならないってことですよね。

「私、今、逡巡《しゅんじゅん》しています」

ってことですよね。結論を出さないんですよ。僕は中居君から学びました、その場で結論を出さなくてもいいということを。

反射神経勝負ではない。貴重なスロータイプMC

若い人が、「え、そっち?」って言うことがありますよね。

例えば、世代ギャップのある人がこっちの話をしちゃうと、「え、そっち?

今？」って言われる。

そっちっていう言い方は、たぶん、関西芸人からきている気がします。「そっちかよ、おい。こっちの話やんけ」っていう。「え？　そっち？」ってことは、「本当はこっちだ」って言っているのと同じですよね。

そっちか、こっちか。善か悪か、光か闇か、明か暗か、弱毒性のウイルスか強毒性のウイルスか。そんなもの、ウイルスだってわかってないですが、二者択一の時代なんです。

これは、デジタル化でますます加速すると思います。ゼロかイチか。二者択一の方が合理的だし効率もいいですしね。

僕なんかのようにしゃべりがしみついた者の話は、基本的には起承転結です。わざと脱線させることはあるとはいえ、起があって、承があって、転があって、結がある。

でも、ＹｏｕＴｕｂｅでヒットしている人のしゃべり方を見ると、その伝え方は、

「結結結結」です。

「え、そっち？　こっちでしょ」という問いかけがあると、結論を急ぐ。そうなると、常に「結」になるんです。

いろんなことが便利に、スピーディーになるのを人間はやめられません。欲望があるから。

でも、どんなにデジタル化して、「ミルク入れる？　入れない？　どっち？」って結論を促されても、その結論に至るまでの判断のプロセスは必要。

そもそも人間の生理は、結結結結だけでは、耐えられない。この先、ちょっと揺り戻しがあって、せめて起ぐらいは入れて、起結結結にしなきゃみたいな感じになると思います。

今はテレビの中も「おい、そっちかい！」って、反射神経勝負のトークが多いじゃないですか。それが主流なんだけど、だからこそ、中居君のトークはますます際立っていきますよ。

「お父さんはそっちだったんだ、僕はこっち」とは言わない。そっちでもこっちでもない。間《あわい》っていいますね。この間を出すんですよ。

今の時代、すぐに答えを出さないとまだるっこしく感じられる。でも中居君がやると滑らかさになる。心地よいローション感になるんですよ。

間を出すのは、天性のものって部分が大きいと思います。ただし、場数を踏んで経験を積んで、時に失敗するから、天性のものがぐぐっと芽吹いてくる。

経験だけじゃダメだし、天性のものだけでもダメ。天性に経験が追いつかないと。中居君は、そのどちらもあるんですよ。

ライトグレーな立場で、民衆の意見をいち早く通訳

加藤浩次

かとうこうじ

加藤浩次君は、あの人しかできない司会を、『スッキリ』で身につけましたね。古い言い方ですけど、「大衆が、どんなモヤモヤを抱いているか」を一番敏感に語れる人じゃないでしょうか。

芸人さんの闇営業問題が起きた時も、いち早く番組内で、自分が身代わりのように、「俺はヨシモト抜ける覚悟がある」って風を起こすじゃないですか。「会社を辞めたいけど、組織にいなきゃ食っていけない」ってストレスを溜めている視聴者がいる中で、あんな発言をされたら、それだけで代理満足を得られる。加藤さんはその役目を一手に引き受けています。

多少きつい言い方をする時もあるけど、必ず芯食ったことを言って、「ここがいかんのだと僕は思うわけですよ、僕の考えですけどね」

っていうのが、偉そうに説教しているわけでもなくて、観ている人の多くがモヤモヤと思ってたことを言語化してくれた感覚になるんですよ。

「僕の考え」っていうのが、加藤君の考えでもあるけど、同時に一般人代表の意見にもなっているからだと思います。

「このニュースって、何なの?」とか、「この政治の事件って?」とか、そういうもろもろの事象に対する声を、ドンピシャで同時通訳してくれる感じが心地いい。加藤君は半歩先回りする予知能力を持っている。だから、あんなふうに言語化できるんですよ。

それから、あのハスキーボイスがいい。もし、あの声が中尾彬さんのように野太くて響きのある美声だったら、重すぎるんですよ。加藤君は、ハスキーだけど響きのない声、乾いたパーカッションみたいな声で、

「そういうとこないっすか、僕はそう思いますよ、少なくとも」

って言うから、民衆の意見という感じでちょうどいいんですよ。

ハスキーボイスって、聞いている方にうるさいって印象を与えない。ダメージを与えにくいんです。

加藤浩次は、ハーメルンの笛吹き男である

あの何とも言えない佇まいも、いいです。別に色男でもないんだけど、立ち姿がスッとキレイ。なんか『スッキリ』で司会をはじめた頃よりも大きくなっている感じがしませんか？　年齢的に身長が伸びているはずはないけど、どんどん大きくなっている感じがする。

それだけ貫禄がついてきているとも言えるし、「僕の意見だけどね」が全然僕の意見じゃなくてみんなの代弁者になっているところも、彼を大きく見せている一因だと思います。

加藤君はよく、

「これ僕の意見ですけどね。どうなんすか。ねえ、どう思います？」

って問いかけるじゃないですか。あれは、アナウンサーが、

「皆さんはどうお考えでしょうか」

って言うのとはまったく違います。

アナウンサーは、文字通り「皆さん」に問いかけるけど、加藤君は、「どう思います？」って番組を見ている「あなた1人」に問いかける。

問いかけられた方は、そんなにすぐに自分の意見を言語化なんてできないから思わず、

「ああ、俺？　わかるよ。そういうことだったよ、俺が言いたかったのは」

って同調しちゃう。だからハーメルンの笛吹き男のように、みんなが加藤君についていっちゃうんですよ。

白でも黒でもない。ライトグレーな存在だからいい

加藤君は、ツッコミながらも相手に合わせますよね。

相手を限界までは追い詰めない。

これは加藤君に限らず、MCや司会者なら必ずあります。

「逃げどころをつくる」

そうじゃないと務まりません。殺し屋じゃないんだから、一撃必殺なんて思ってないですよ。

『スッキリ』でボクシングの山根会長と対峙した時も、相手が怒るんじゃないかってこともちゃんとツッコむ。司会として豪腕です。

加藤君自身、真っ白が一番いい、一点も汚れちゃいけないっていう正義原理主義者ではない。

「自分は聖人君子ではないけど、それでも人間って、真っ黒になっちゃダメですよね。ライトグレーで生きないと。どう思います?」

って感じがありますよね。真っ白だと本当のケンカになる。

「あんたの黒を許さない」

ってことになりますから。

警察の取調官だって、がんがん追い込んだら黙秘権使われるだけなのを知っているので、左右に揺らしながら、ぶらしながら自白させるようにもっていくんです。

ＭＣもそう。

万が一ＭＣが相手をノックアウトさせるようなパンチを入れちゃったら、慌てて抱き起こします。抱き起こして介抱してから、また軽くジャブを打つ。

マッチポンプをしないと、相手から本音は引き出せませんから。

プロレスとＭＣの共通点「合わせ」

先日、アントニオ猪木さんが静養している湯治場に会いに行きました。

猪木さんはだいぶお年を召して、ちょっと元気がなかった。そんな猪木さんの今の顔を見て、

「猪木さんが現役でプロレスをしていた頃の凄味や強さって何だろう。分析せざるを得ない」

と思いながら、帰宅後にプロレス関連のYouTubeを見ていたら、前田日明さんのチャンネルで前田さんと藤波辰爾さんが対談していたんです。

前田さんが、

「藤波さんがすごいのは、相手がこう来るからこう受けようとか、こうくるからこうかわそうとか、いちいち考えない。相手に合わせて体が反応している。だから俺も信頼してミドルキックもハイキックもできた」

と言ったんです。

この「合わせ」って、プロレスではとても大事なんです。

プロレスって、ものすごい攻撃を受けた時に「受け身」を取って受けてあげる世界がある。カウンターパンチをよける「かわし」の世界もある。

そして、受け身でもかわしでもない「合わせ」の世界もある。相手が仕掛けた攻撃に対して合わせるんです。

ガチンコの戦いとまた違う、舞いみたいなものです。

相手の攻撃を際立たせ、こっちがやられていることも際立たせる。二重奏によって、見ている人の興奮度が倍になる。

すると、前田さんが、

「猪木さんは、それで言ったら究極ですよね」

と。前田さんは、ハイキックで思い切りアントニオ猪木のあごにヒットさせようとしたら、向こうがジャンプしてあごを伸ばしてのどの急所以外に当てさせたと話していました。まさに「合わせ」です。

猪木さんは、相手の技を立てるために合わせていったんです。前田さんは、

「猪木さんが、合わせてグッとジャンプした時、信じられなかったですよ」

と。前田さんを立てるわ、逃げないわ、逆にジャンプしてのどに受けた。最悪の場合をかわしながらも、合わせにいった。

能で、相舞《あいまい》っていう、2人で舞うことを指す言葉があります。

2人で舞う時は、リハーサルはしないそうです。リハーサルしちゃうと、リハーサル通りにやろうとしてぎこちなくなって、「その瞬間」を舞って見せることができ

きなくなってしまうから。

それに、リハーサルをして相手の動きを熟知すると、相手に合わせようと意識しちゃう。合わせすぎると自分が出ないし、相手も殺す。だからリハーサルをあえてせず、本番でお互いにその瞬間を探りながら、舞うんです。

ちょっと相手に合わせてみる。次は相手が合わせてくれるかな? いや、ここは悪いけどやらせてもらおう。やっちゃったあとは悪いから、またちょっと相手に合わせる。

このお互い様というか、相身互いの相に舞うっていう「相舞」が、のちに曖昧模糊の「曖昧」に字が変わったという説があります。

この相舞の話を聞いた時、これってプロレスの「合わせ」と同じだと感じました。加藤君はどんな相手にもツッコミながらちゃんと合わせますよね。相舞している。だからこそ相手も踊ってくれる。

MCには合わせや相舞が必要。加藤君はその名人なんですよ。

ツッコミ力と転換力。関東芸人屈指の聞き出す力

上田晋也

うえだしんや

くりぃむしちゅーの上田晋也君とは、この数年の間に、何回かお酒を飲んだりご飯を食べたりしたぐらいであんまり会わないんですけど、必ず、毎年、元日の朝一番に、「明けましておめでとうございます」のメールが来ます。

上田君の場合は、一斉メールではなく、ちゃんと僕個人宛ての年賀状になっている。律儀ですよ、彼は。

上田君は古坂大魔王と仲が良くて、2人とも僕の昔の実況中継のファンだというので、3人会みたいなのをやろうとなったんです。3回ぐらい3人でお酒を飲んでご飯を食べましたが、その時、上田君はずっと司会をやってくれるんですよ。

「でも、古舘さん、こいつはね」

って、古坂大魔王に気を使って一生懸命に彼の話をする。

古坂大魔王はアーティストだから、歌を歌ったりリズムを刻んだりビートの解説をしてくれるんだけど、時々暴走する。そうすると、

「おまえ黙っとけよ、古舘さんはね」

ってちゃんと仕切ってくれる。逆に今度は僕のしゃべりが長いと、

「それでいったら古舘さん、ちょっと質問入れていいですか」

って、得意のツッコミではなく質問というかたちで僕を遮る。

「え? ちょっと古舘さん。だったら、あの時の実況はどういうことだったんですか?」

みたいな言い方で、いったん僕を黙らせる。

僕も、「えーと、どうだったかな」って一瞬黙る。そこが上手い。

ミスター・コマーシャル。本当に、スッと入れてくるんですよ。

店から出ようとする時も、真っ先に出て、

「今、トイレから誰か出てきますから。いったん引っ込みましょう」

とまだ司会を続ける。

「顔見られたっていいじゃん、別に悪いことやってないし。男3人だし」

って言っても、

「いいから、いいから。あ、今、いいですよ。出ましょう」

みたいに最後まで司会役に徹するんです。

オンである番組ではいつも鋭くツッコむけど、オフの場では司会進行に徹する。

まさにバイリンガルＭＣですよ。

〝東京の言葉でツッコむ難しさ〟を感じさせない

ツッコミという観点でいえば、上田君のツッコミは、関東の芸人の中で間違いなく3本の指に入ります。

東京の言葉でツッコむのって難しいんですよ。関西弁の「あほか」とか「何言うてんねん」といったツッコミはまろやかで聞いていて気持ちがいいですけど、「バカヤロウ」と言うと角が立つ。

ツービート時代のたけしさんは、

「何言ってんだバカヤロウ」

って連呼していましたが、あれが受け入れられたのは、たけしさんの場合、早口すぎてしかも滑舌も悪いから、「何言ってんだバカヤロウ」が記号化したことで、嫌味な感じが軽量化していたんです。

あと、下町言葉の徹底。「バカヤロウ」は、自分のことを「おいら」、あんたのことを「あんちゃん」などとセットで、たけしさんのオリジナルになっているのです。

上田君のツッコミの特長はとにかく速いこと。

オフでツッコまない分、内圧が上昇し、臨界点を超えて爆発するかのごとくツッコむ。

オフではビニール栽培でイチゴを育てているかのごとく丹念に温度調節をして、本番用にツッコミを温存しているんですよ。

いよいよたわわに実った状態で、いざ本番を迎えてツッコみ倒す。

『しゃべくり007』を観ててもそうじゃないですか。司会やりながら、ゲストにもレギュラーメンバーにもツッコみまくっていますよね。

ツッコんでツッコんでツッコんで。ツッコミ収穫祭です。

でも、またオフになると、一切ツッコまず、司会進行に徹する。

充電と放電。それをしっかりコントロールできているところが、上田君の素晴らしいところだと思います。

ゲストから予定調和以上の話を聞き出す力

ツッコミの上手い上田君ですが、話の転換も本当に上手い。

資生堂1社提供のトーク番組『おしゃれイズム』が長く続いているのは、こうした上田君の上手さに依るところが大きい。

例えば、寒風吹きすさぶ北海道で朝5時にテングサ採りをする話題が出るとしますよね。

この時、ダメな司会者は、ゲストが夢中でテングサ採りの話をしている時に、

「テングサ採りでいうならば……」とか、

「それでいうと……」

と言葉をはさみ、「地吹雪の話をしてくれますか?」と話題を振って話を転じようとしてしまうんです。

そうすると話を振られた方は、

「段取り通りに進めようとしているな!」

とわかって反発心が生まれてしまい、話の温度が下がってしまいがちです。

でも、上田君ならこういう時、アゴをちょっと上げながら、

「テングサ採り、本当にそんなに大変なんですか? いや、寒いだろうけど」

と、軽いツッコミというか、ツッコミにもなっていないほどの相槌を打つんです。

するとゲストは、

「いやいや、本当に大変なんですって。やってみなきゃわかんないですよ。地吹雪

だってすごいし」

と興奮してくる。そこで一発、

「地吹雪って言われたってわかんないよ!」

とツッコんだあと、一間、二間置いて、

「あ、地吹雪の話もおまけでくれる?」

っていうあからさまな振りをするんです。ねえねえって催促してくる。

こんなふうにやられると、ゲストもどんどんおまけ出しちゃうぞって気持ちになる。これはアナウンサー系の司会者には、なかなかマネできないですね。

え、なんでこんなところでツッコんでくるの? ってショックを与えたあとに、AEDを取り出して治してくれる。そんなマッチポンプぶりが、上田君はずば抜けています。

マッチポンプで相手の心理を揺さぶるんです。

これはトーク番組で、相手から予定調和以上の話を引き出すための効果的なテクニックです。

心を開いてくれないゲストには、自分の弱さを見せる

相手の心理を揺さぶるワザは他にもあります。

自分の弱さを見せる。これは僕もよくやりました。

例えば、1993年頃でしたか、『おしゃれカンケイ』に貴乃花さんが出てくれたんですが、トークがはじまってもニコニコ笑いながら、

「えー、ちょっとわかんないっす」

という受け答えが続いたんです。途中で僕が、

「何とか言ってくださいよ。じゃないと僕も黙りますよ!」なんて言っても、

「いや、ちょっとわかんないっす」

トークで盛り上げる人じゃないのはわかっていたけど、それにしてもこのやりとりが続くのは非常にまずい……。だから最後の手段として、

「実は昨日、めちゃめちゃ夫婦ゲンカしてね。つかみ合いのケンカです。殺伐としますよ」

と自分の恥部をさらしたんです。

「お互い酒が入ってたから、女房が窓を開けて叫び出して、僕も『そんなことすんじゃねえ』って言ったら、子どもが泣いて起きてきて」

すると、「ちょっとわかんないっす」ばかり言っていた貴乃花さんが、

「男と女って……」

としゃべり出したんです。おそらく「この司会者暴走したな」と不安になったんでしょう。

仕切りで見合っていたのに、行司が軍配を裏返す前にツッコんできたな。横綱相撲で受けなきゃいけないって気持ちになったんだと思うんです。

「あ、それでいうと、男と女ってね。古舘さん」

と急にしゃべり出して。トーク番組のMCっていうのは、ゲストにしゃべらせてなんぼの仕事じゃないですか。意外な表情をにじみ出させてなんぼです。

「あんたがさらけ出すなら、俺も出すわ」って貴乃花さんがやってくれたのは本当に嬉しかったですね。

トークのエネルギー保存の法則

トークの途中でMCとゲストの関係がちょっとひっくり返る。僕はこれを「トークのエネルギー保存の法則」と呼んでいます。

こういう現象って、実は日常でもよく起きます。

例えば、2人で飲んでいて1人がべろべろになっているとします。こういう時、たいていもう一方は冷めていて、

「まあまあ、そういうのわかるよ」

となだめている。

しかし、ちょっとしたら、なだめられた方は憂さが晴れたのか落ち着いて、今度は冷めていたはずの方が急ピッチで飲んで酔っぱらう。

気がついたら立場が逆転していて、さっきまでくだを巻いていた方が、「まあまあ」となだめに入る。

トーク番組のMCは、この現象を意図的に起こす。

相手がしゃべらない時に、自分があえて暴走することによって、相手が「まあまあ」と言い出すのを待つ。

ここの加減は難しいですけどね。単に自分の話をすればいいというわけじゃない。あんまり言いたくないことを自己暴露する。

でも、相手が引くほど激しいネタはダメ。いい火加減でそれをやると、相手が焼きはまぐりのようにパカッと口を開いてくれるんです。

と、解説しておきながら、気がついたら自分の話ばかりしていました。上田君の話をするところなのに……。

こういう時にこそ、上田君にいてほしい。

「古舘さん、ちょっと質問いいですか？」

って、上手いこと遮って、航路を外れて大海原へさまよい出ようとする僕をいい感じに誘導してくれますから。

2秒笑って、黙る。間合いの達人

田村淳

たむらあつし

丸いだけだとつまらない。でも尖ってばかりでもダメ。

淳君がメインコメンテーターとして出演していた、『グッとラック!』を観ていた時、そのバランスが上手いと感じました。粗いやすりときめ細かなやすりを使い分けているかのようです。

さらに注目したのが〝間〟の取り方。

『グッとラック!』で「じゃあ、淳さん、どうですか?」って聞かれたら、まず2秒ぐらい笑うことがある。しかも、笑っている時、黙っているんですよ。笑いながらしゃべることもできるのに。

松本人志さんの場合は、その間、腕を組む。

「うーん、何でやろうな」

って、この時点で、

「言いたいことはあるけど、上手いこと言えないんだよ」

って匂わす。やり方は違いますが、2人とも、間の取り方位が秀逸ですよね。

「あえて黙る」は、なぜ妙なのか

淳君からちょっと話がそれますが、間を取ることの効果で、思い出した話があります。

『ゴゴスマ』で一緒の石井亮次アナウンサーから聞いた『世界陸上』100メートル決勝の実況中継の話です。

100メートル決勝なんて実況の出番はスタート前の選手紹介ぐらいしかありません。スタートしたら10秒以内で勝負がつく世界。

「○○だ、○○だ、ワーッ」

と言うしかないじゃないですか。

「ウサイン・ボルト行った、ボルト出た、出た、ボルト1着〜」

って言うしかないですよね。

そんな100メートル決勝の直前に、1分間黙ったTBSのアナウンサーがいたんです。フライングで失格になった選手が出て、色々ともめて再スタートとなった時です。

スタート前に1分間黙った。

この1分間はアナウンサーにとっては永遠に感じる1分間なはずです。本来なら、「これより世界陸上、世界陸上競技選手権の決勝の時を迎えました。たった10秒弱で物事の決着がついてしまう、壮絶な瞬間ドラマがやってまいりました。第1レーン。○○選手。集中している、この表情です」

って言うべきスタート直前に、あえて1分間黙る。

一歩間違えれば職務放棄ですよ。

でも、この1分間の沈黙は、僕は革命だと思います。1分黙ることで、その後の10秒のドラマがいっそう映えたし、その前のゴタゴタを洗い流した。

この沈黙が効果的なのは、１００メートル決勝だけですね。２００メートル決勝で黙っちゃダメです。４００メートル決勝でもダメ。リレー決勝もダメ。

やっぱり、１００メートルという10秒以内で決着のつくドラマの直前に沈黙を置くところが妙。

僕の中では、田村淳君の笑顔や松本人志さんの腕組みは、この沈黙と相通じるものがあるんですよ。

笑って2秒黙るから、そのあとのひと言が刺さるんです。

年齢不詳のベビーフェイスで、その宴に水を差す無双のMC

有吉弘行

ありよしひろいき

『有吉反省会』に出演した時、有吉弘行君に、

「古舘さん、引退しないんですすか」

と言われたんです。

普通はいきなり、「引退しないんですか」って言われたら、頭にきますよね。でも、弟分を自己演出する有吉君に泣きそうな顔で、

「もう兄ちゃん、出てってよ」

って感じで言われると、なぜか頭にこない。

「あんたうるさいんだよ。もういいから、順繰りだから早く出てってくれよ」

というようなことを言われているのに、まったく嫌な気がしませんでした。

有吉君がズバッと深いところまで切り込んでも、相手が傷つかないのは、必ず愛

情を添えてくれるからだと思います。

腕のいい外科医のような後遺症が残らないトーク術

有吉君って、腕のいい外科医みたいなところがあるんですよ。

切るだけではなく、切ったあとの処置が上手い。

実は切ること自体はそんなに難しいことじゃないんですよ。芸人なら誰しも鋭い言葉のメスを持っているものですから。腕の差が出るのは切ったあと。

切ったままで終わるならば、ただの切り裂きジャックです。でも、有吉君は切ったあと、「だけど古舘さん、すごいですよね」と言ってちゃんと縫ってくれる。だから切られても後遺症が残らないんですよ。

それから、ベビーフェイスなのがまたいい。

また脱線しますが、13年ぐらい前に、岩手県奥州市の黒石寺で行われる伝統行事の「蘇民祭」というお祭りのポスターが物議を醸《かも》したことがあります。

胸毛の濃い、いかつい男性が吠えている背後に、ふんどし姿の男たちが写っているポスターで、それが不快だと、女性を中心に反対運動が起き、結局そのポスターはお蔵入りしました。

もし有吉君が、蘇民祭のあの男性のような雰囲気だったら、MCとして活躍することはなかったでしょう。

年齢不詳で、顔が小さくて、くりっとした目で、映画『チャイルド・プレイ』のチャッキーみたいな、意地悪なのにどこか愛くるしいあの感じが、彼の毒舌をみんなが許してしまう要因だろうし。僕の妄想も入っていますが、夏目三久さんもそこに惹かれたんじゃないでしょうか。エビデンスはありませんが。

毒と薬は表裏一体。解熱効果のようなMC作用

有吉君は建前やお約束、予定調和といったものを剥いじゃうのがすごく上手い。

例えば、今は本物のもみの木じゃなくて、プラスチック製のもみの木に飾りつけ

をして「ほら、クリスマスツリーだよ」ってことにしていますよね。それを見て、「キレイだね」って言う人に対して、有吉君は、「これってフェイクの木だよね。もみの木じゃないでしょ？」って平気で言える。

巨泉さん以降、毒舌の司会者は何人もいました。でもみんな、どこか盛り上げようとするんですよね。そりゃそうですよ、番組は宴なんだから。

宴を取り仕切っているんだから、最初は毒舌でも、途中でヨイショが入って、最終的に帳尻を合わせるものなんです。

でも、有吉君はその宴に水を差す。

水を差すって、私たちはどこか忌み嫌うところがありますよね。だって日本人は、空気を読むから。場を乱したくないという気持ちが働き、忖度《そんたく》し、予定調和を良しとする。

でも、有吉君はそんなフェイクの宴に対し「劇団みたいなことはやめようよ」って、水をぶっかけるんです。

老舗のうなぎ屋のタレって、

「江戸後期からずっとつぎ足しで変えてないからおいしい」みたいな褒め方されることあるじゃないですか。でも、あれってよく考えると気持ち悪いですよね。江戸後期から使い続けているなんて、タレの底になにが沈殿しているかわかったもんじゃない。

でも実はあれ、確かにつぎ足しなんだけど、前のものは全部気化しちゃっているんですよ。お客さんも薄々そのことはわかっているけど、200年近い時を生き抜いてきたタレという物語に、みんな自らはまっているんですね。

だってその方が、特別なものを食べたという満足度が高くなるじゃないですか。物語という旨味調味料をかけるわけです。

それでみんなが「さすが江戸時代からつぎ足しているタレ!!」と感激しながら食べていると、そこへやってきて、

「江戸時代のタレじゃねえよ! 最近のタレだよ!」

と強烈に水を差す。例えるならそんな感じですね、有吉君は。

でも、今みたいな時代だからこそ、有吉君みたいな暴れん坊が欲しくなるところ

もあると思う。

例えばコロナで「自粛しなきゃいけない」と言われたら、空気を読んで多くの人が自粛する。自粛していないやつがいたら、自粛警察が取り締まりをはじめて正義ぶる。

自粛する者としない者、特に最近の日本社会では、こういう二極化が起こりやすいじゃないですか。そんな中、どっちの立場でもなくて、「何やってんの？ みんな」って水を差すことで、我に返る人が現れる。

ある意味、有吉君の毒舌には、解熱効果もある。まさに毒と薬は表裏一体ということを体現していますよね。

目の前の人の特徴を瞬時にとらえて、あだ名に落とし込むあの芸当は、ピカソがモデルの顔を想像だにしない顔に描く〝キュビズム〟に似ていて、彼の脳内にはハッキリとそう見えているから言えるんです。

「オリジナルのインデックス」で意表を突く理知MC

山里亮太

やまさとりょうた

山ちゃんこと山里亮太君は、知的で勉強熱心。

彼は『トーキングブルース』っていう僕のライブに皆勤賞でずっと来てくれています。どんなに忙しくても来てくれる。「大阪に帰らなきゃいけないから」と、途中までしか観ることができないような時でも来てくれました。

ライブを観たあとには、僕はこういう例えをしない。僕はこういう表現をしないと、全部メモしているそうです。そして、いいところがあったら、そのエッセンスを盗むそう。勉強熱心な盗人です。

山ちゃんとは、何回か一緒に食事に行ったことがあります。

僕は、目的地に早く着いちゃうクセがあるんですよ。

昔は、悪いなと思いつつ平気で遅れていくことがよくありました。でも、この歳になると、先に行って待っている時間が楽しくなるんですよ。待つのが全然苦にならない。

その日も早く着いて待っていたら、山ちゃんがちゃんと時間通りにやって来て、

「すみません！　待たせちゃって」

「いや、いいよ。早く来すぎただけだから、俺がいけないの」

店に入ると、シンプルかつオシャレな黒い箱に、真っ白いおしぼりが丁寧に入っていました。夏の暑い日だったので、「早くおしぼり使って」と言ったら、その時、山ちゃん、おしぼりについて何と言ったと思います？

普通だったら、

「この豪華なおしぼり、オシャレなお店ですね〜」

みたいに言いますよね。でも、山ちゃんは、

「古舘さん、ちょっとひどいですよ、このおしぼり。こんな過保護なおしぼりは、はじめて見ました」

瞬時におしぼりを擬人化したわけですよ。これはただの反射神経だけじゃ無理です。何かと何かが似ているとか似てないとか、そういうことを常にシミュレーションしてないと、こんなふうに瞬時には出てきません。

意表を突く言葉を引っ張り出す仕組み

山ちゃんはMCをやっている時は、「利他の精神」に徹していると思うんです。でも、時々、ツッコむ時にちゃんと自分を出してくる。

例えば、以前、関西ローカルの彼の番組に出演させてもらったことがあるんですけど、芸人さんたちがわざと網に引っかかっていて、みんな一様にもがいてウケを取るみたいなシーンがありました。

そのもがいているところを見て山ちゃんがひと言。

「ドラクロワの絵じゃないんだから」

誰もが、一瞬、「ん?」と首をひねる。

あの有名な『民衆を導く自由の女神』の絵? そんなに似ているわけでもないのに。でも、そういう例えをしたんですよ。

ずっと気になっていたので、食事した時に、

「何で似てないのにドラクロワの絵だったの? 例えに違和感があったから、すごく印象に残ったよ。教養も感じたし。どういうことなの?」

と聞いたら、

「似てないものを置くと違和感が生まれて逆にいいかなと思ったんです」

これには感心しました。

僕は、「何かに似ているから本質を突ける」と思っているけど、真逆のやり方もあるんだなあって。でもやり方がわかったところで、なかなか即座には出てこないですよ、ドラクロワなんて。

たぶん、そういった微妙な視点や感覚が、山ちゃんの中ではきちんと整理されていて、そこから引き出されていると思うんです。

MC界の図書館司書のように、必要に応じてインデックスの貼ってあるファイルをスッと開いて、ちょっとだけ違和感を残しそうなドラクロワの絵を引き出す。取り出す時の手早さもいいですよね。パッとめくって、スッと出す。だから知識に嫌味がない。

ラジオで熱狂的な人気があるのも、こうしたことが随所に散りばめられているからなんでしょうね。

山ちゃんが自分のラジオ番組『JUNK 山里亮太の不毛な議論』の中で、ゲストがドン引きした時に、

「すいません、今日、安息日じゃないんで」

と言ったことがありました。僕にはこんな表現できないです。

僕の中で「安息日」は宗教のカテゴリーだから。でも山ちゃんは、そうはいかない。彼特有のインデックスを貼ったファイルがあるからです。

しかも、山ちゃんが独自のファイルから言葉を出す時は、尺が短い。僕みたいに長くないです。

「アスベストじゃないんですから」

ポンとひと言で終わる。

ひな壇に複数のゲストが座って慌ただしくしゃべる今のテレビ番組にはピッタリ。デジタル化時代に最適化したMCだなと思います。

今後もっと活躍の幅を広げる若手MCの筆頭

村上信五

むらかみしんご

今後、仕切り屋としてもっと定着して、すごい人になるだろうなと思うのは村上信五君です。

中居正広君のローション感とはまったく違い、村上君はもっとさっぱりしている。中居君が乳液をつけているなら、村上君は化粧水しかつけていない感じ。え、冬場乾燥しない？　油分なくて大丈夫？　そのぐらいさっぱりしているけど、座持ちさせるその力は本当にすごいです。

僕は、ある知人宅の飲み会で彼の凄さを目撃したことがあります。

コロナ禍になる前、気心知れている芸能界の人がいっぱい集まった飲み会で、僕の前にリリー・フランキーさんや小室哲哉さんがいるって、すごいメンバーだったんですけど、そこへ仕事終わりの村上君も駆けつけてきて、たまたま僕の隣に来たんです。

僕はその場で司会役のようなものをやっていたんですが、かなりできあがっていて、「村上君が座ったな」というところまでは覚えているんですが、その後すぐ撃沈してしまったんです。

そんな朦朧《もうろう》とした僕の耳に断片的ながらずっと聞こえてくるんですよ、村上君の声が。

もうね、ありとあらゆる人の言葉を拾っている。それどころか、投げてもらえないと拾いようがないからって、自ら相手に突っかかっていく。

例えば、村上君がリリーさんに絡むと仕方なくリリーさんが返すから、その言葉尻を拾って、またツッコむ。これをずっと延々やっている。その彼の様子に半分感動し、半分あきれて、

「村上君、僕を筆頭にここにいる人たちは全員できあがっているけど、あなたは今来たばかりで駆けつけ1杯ぐらいでしょ。仕事じゃないんだからオフになってもい

いんだよ」

って言ったんです。すると、

「いや、オンもオフもないんですよ。ずっとオンでいかないとダメじゃないですか、僕なんか。僕はむしろMC術を古舘さんに聞きたいんですよ」

と言い出して、

「『SASUKE』で実況していた時の古舘さんのあのしゃべりなんすか!」

と質問されたけど、こっちはもうべろべろなので何とか逃げ込むんだけど、すぐさま拾われて、

「そんなふうに言える境地ってあるんですか?」

そんな応酬を1時間半か2時間ぐらいやっていました。僕は最後に感心して、

「あなたすごいわ。とにかくすごい。若いとか、脊髄反射があるとかいろいろ言ったけど、どこまでも座持ちする。すごい……」

と白旗を上げました。今は横にマツコ・デラックスがいるわけじゃないのに、拾ってツッコんで、拾ってツッコんでを日常でもずっとやっている。

たぶん、彼にしてみればオンオフの垣根を越えて、ずっとイメトレやっているアスリートのような感覚なんでしょうね。

本番に向けてずっと予習・復習をやっている。

鍋を食べて、誰かが「あちち」と言ったら「あちちじゃない！」とか、そんなことにまでツッコんでいましたからね。

「ふうふうやるからおいしいのに、嫌そうな顔しちゃダメですよ！」

あれは典型的な予行演習。柔道でいう乱取りです。試合という本番に向けてずっと乱取りしている。

ド根性とその才能に脱帽し、朦朧とした頭で大感動しました。

その夜、僕はそのお宅に泊まらせてもらい、次の日、遅くに起きて帰ろうとしたら、家主である知り合いから、こう言われたんです。

「村上さんが、古舘さんにくれぐれもよろしくお伝えくださいと。いい話を聞かせていただき勉強になりました」

違う違う。勉強させてもらったのは、こっちなのに。それなのに「勉強になりました」って言い置いていくところがまたすごい……。

関西のコテコテ感がない。でも引っ込みすぎもしない

村上君を例えるのにピッタリな表現を、今見つけました。

村上君は、「ＭＣ界の岐阜羽島駅」です。

岐阜羽島駅って、近くにお住まいの方には失礼な言い方になってしまいますが、あまり特徴がないんです。古き京の都と大都会東京の間。

総理大臣になれず副総裁で終わった大野伴睦が作った駅で、駅前も閑散としていて、特筆すべきものはなにもない。だけど、新幹線が停車しますよね。

村上君は、中居君のようなローション感がないことは自分でよくわかっている。関西弁のコテコテ感もない。

だから、徹底して植物系で岐阜羽島感を貫いているんですよ。

だからといって、

「岐阜羽島って地味だね」

って言われた時に決して引っ込まない。

新幹線が停まる駅であることをちゃんとアピールしてくる。

彼は、近い将来すごいＭＣになると思いますよ。


ちなみに、最近ＮＨＫの村上君が司会をしている番組に呼ばれて会った時に、番組収録中に僕が
「いやーあの時は、全部拾い上げてくれて、すごい司会ぶりだったね」

と思い出して振ってみたら、

「古舘さん、勉強にはなったんですけど、古舘さんがべろべろで、同じ話を何回もエンドレスで繰り返すから、ちょっとしんどかったです」

と言われました。穴があったら入りたかった。

第3章

キャスターの枠を超えた、ニュースプレゼンターの生き様

〝フリップ芸〟で柔らかに語りかける、混ぜっ返しの帝王

みのもんた

みのもんたさんが凄かったものの一つは、フリップです。『午後は○○おもいッきりテレビ』では、毎回テーマに合わせたフリップが登場し、肝心のポイントは紙で隠されている。それをみのさんがペリペリ剥がしていく、あれです。本来、舞台裏の道具立てを本番に持ち込みました。

今や定番化した情報番組のフリップや大ボードは、みのさんによって情報ワイドの主役に躍り出たのです。ただ字が書いてある板がです。『朝ズバッ！』に至っては、中吊り広告風特大ボードまで出てきましたからね。

みのさんは忙しくて、打ち合わせの時間も取れないことがままありました。だから、本来は台本にして事前に読んで確認しておくべきことをフリップにして、生放

送の場で見ながら、司会進行しました。

あのフリップは、台本＝舞台裏＝リハーサル＝本番が一体化したものです。

そしてみのさんは、フリップに書かれていない余白部分もすさまじく面白かった。

アドリブで、

「聞いていますか、お嬢さん」

って、テレビを観ている「あなた1人」に問いかける。「テレビをご覧の奥様方」とその他大勢的な言い方はしませんでしたよね。

みのさんが暴走しすぎたら、進行役の女性アシスタントが、「はい、みのさんこちら」と軌道修正しようとする。

すると今度は、その女性アシスタントに向かって、

「あれ、どうしたの？　今日は目にくまができちゃって」

と、またそこで余談に入る。

「いや、私のことはいいから、今日の特集のブロッコリー」

「そうだ、お嬢さん。ブロッコリー」

あのテンポのいい会話のやりとりは、みのさんの〝話芸〟です。

アナウンサー出身であんなに柔らかいしゃべりのできる人は、この先、二度と出てこないと思います。電波界の唯一無二の香具師です。

みの流の「揺さぶり」方

一緒に一流店に行った時のこと。

「古舘、いい店だと思わない？」

「いいお店でおしゃれです。みのさん、こういうお店を知ってるんだ、すごいな」

って話していたら、端正な黒服の人が来て、

「じゃあ、みのさん。いつものような段取りで」

と確認したあと、僕に、

「ああ、こちらは古舘様、お越しいただきありがとうございます」

と挨拶する姿を見て、みのさんがすぐさま、

「古舘、この店はサービスが一流だろ？　この人も都会的だろ。群馬県館林出身」とデタラメを言う。目の前の整えられた事実を一気に揺さぶるんです。都会的と群馬県館林。このチョイス。僕はみのさんのこういうところがたまらないんですよ。

みのさんは、サービス精神の塊です。

僕が、「それでいうならみのさんね」って面白い話を返したら、その時は何にもしゃべらない。「こんなことがあったんですよ、ね？」と言っても、自分はしゃべらず、ニコニコするばかり。そしてひとしきり話が終わったら、

「……最高だろ、こいつ」

って同席者に言うんですよ。

相手が一方的にしゃべっている時は触らないっていうエチケットがあり、表情やしぐさで相手を立てる。そこに仕切り屋の極意がいっぱい詰まっていて、本当に勉強になりました。

噺家のかばん持ち時代に培ったサービス精神

20代前半の駆け出しの頃、みのさんは、噺家のかばん持ちをしていたんですよ。面白いしゃべり手になりたいと思って、噺家さんについて、一緒にキャバレー回りをして、そこで司会をしていました。アナウンスメントの勉強の前に、司会業の勉強から入るのというのが、みのさんらしいです。

ある時、酔っ払った客の社長がその噺家さんに、ご祝儀として1万円札を出してきたことがあったそうです。今から50年も前の1万円ですから、その価値は半端ありません。噺家さんが、

「1万円もご祝儀いただくなんて、さすが社長の中の社長」

とその場を盛り上げたら、調子に乗った社長が「靴を磨け」と言ってきた。すると噺家さんは、

「もちろんでございます、社長」

と言うやいなやネクタイをほどき、

「まず先に、靴の中からネクタイで磨かせていただきます」

社長はあっけにとられて、もう1万円出してくれたそうです。

やるからには、とことんサービスする。みのさんのあのサービス精神は、この噺家さんから学んでいるんですね。

「よく見とけよ。俺の生き様を」

一昨年のこと。

「急な話で悪いけど、どうしても」

って事務所に電話がかかってきて、何事だ？　と思いつつ呼ばれた新橋界隈の料亭に駆けつけました。

到着すると、広い広間に僕とみのさんと2人きり。みのさんは神妙な顔でこう切り出しました。

「古舘、一つ言いたいことがある。今日の昼は仲良くしている政治家さんに報告してきたんだ。夜はお前に話したいと思った。２人だけに言う。誰にも言わないでほしいんだけど、実は、俺はパーキンソン病なんだ」

だから番組を降りると言うのです。それを聞いていたら、涙が出てきちゃって。

こんな時は、みのさんに寄り添うだけでいいんだろうけど、「何か言わなきゃ」というしゃべり手根性と自我の強さから、何か気の利いたことを言おうとして、でも全然言えなくて、悔しくて涙が出たんです。

「33歳で文化放送をやめて不安な時に、おまえ、ぴたっと俺についてかばん持ちしてくれたよな。だったら、病気と闘わなきゃいけない人生の転機には、おまえに寄り添ってもらいたいと思ったんだ。引き際にも、一緒にいてほしくて」

と言うので、さらに涙が溢れました。

と、次の瞬間です。

「さ、飲もうよ。芸者さん呼んでくれる?」

いきなり、いつものペース。いきなり、場面転換。泣いている僕は置き去りです。

でもこれもまた、みのさんのサービス精神なんです。

芸者さん呼んで楽しくやって、あの夜は3軒ぐらい行きました。この時のみのさんの告白で、思い出したことがありました。

僕が22～23歳の頃でしたか、テレビ朝日の局アナ時代、正月にみのさんの家に遊びに行って、酔っ払って、そのまま泊まらせてもらったんです。

翌日、まだ三が日だったので、みのさんが、きりりと和服のアンサンブルを着て文化放送の生放送に出かけていきました。

当時、新宿区若葉町にあった文化放送まで、僕も一緒に行きました。みのさんはスタジオに向かい、僕は局の前で失礼するので「ありがとうございました」と言ったら、

「古舘、よく見とけよ、俺の生き様を」

と言ったんです。それが、ずっと耳に残っていましてね。

当時は「生き様って何だろう?」って、よくわからなかったんですよ。それが、新橋の料亭に呼ばれて病気のことを伝えられた時に、「あ、このことか」ってわかったんです。

「さ、飲もうよ。芸者さん呼んでくれる？」

あのひと言で切り替えた、あれがすべてを物語っていたんですよ。

ＭＣとしてとにかく突っ走ってきて、「１週間で最も長時間、生番組に出演した司会者」としてギネスブックにまで載って。体にダメージがあろうが踏ん張るだけ踏ん張って、酒も飲みまくって、でも引き際は鮮やかに、切り替えて、散っていく。ようやく今、「俺の生き様」の答えをもらった気がしましたね。

「やれるところまでやるんだよ、人間は」

ってことだと僕は解釈しています。

自分もやがてしゃべれなくなる時が来るだろうから、それまで猶予があるなら、授かったエネルギーは生かし切ろうと改めて思いましたね。

ちなみに、みのさんの病気のことはもう周知の事実です。「誰も聞いてくれないから」って、自ら『週刊文春』に話をしたんですよ。

2012年頃に銀座のクラブで知り合った、食事の管理をしてくれる40歳以上年下女性の話も書かれていました。

奥さんが亡くなってから親しくなり、1億5000万円のマンションを贈与した話に及ぶと、

「いきなり心なんか掴まれてないの。僕の場合、いきなり胃袋掴まれちゃって」

と、ジョークを入れて話す。ここでも、軽快な話術でサービスしています。

週刊誌の人たちが写真を撮りに来た時も、車のトランクを開けてお酒あげたり、「もらいもんで悪いけど」ってリンゴあげたりして、「よく書いといてよ」ってやる人。だから敵ができないんですよ。

1歩ではなく、1・5歩踏み込むこのサービス精神。

1歩は、プロなら誰でもやります。でも、それをもう半歩、やる。

どんな仕事もそうですが、第1次作業ってルーティンでやるじゃないですか。やらなきゃ報酬をもらえない。

でも本当に大事なのは第2次作業。ルーティンを超えた、臨機応変な動きです。

ここは工夫のしどころでもありますよね。

みのさんは、みんながなかなかできない「あと半歩」のサービスを、グイッと踏み込むんですね。

必ず人をいい気にさせますから。

ホント、サービスの達人です。

「ん?」「そう?」で番組が成り立つ、MC界のミニマリスト

関口宏

せきぐちひろし

『サンデーモーニング』の関口宏さんを見れば、どれだけ唯一無二の存在なのかよくわかります。だって関口さんはコメンテーターに意見を促す時、「寺島さん、どうぞ」すら言わない。

「ん?」

「そう?」

これだけ。司会なのに、「ん?」だけって、でも、「ん?」「うん」「そう?」「ねえ」。これだけで、番組が成り立っているんですよ。

「ん?」(寺島さん、そのあたりどうですか)

「ん?」(大宅さんは、どうですか)

関口さんの「ん?」でちゃんとコメンテーターはしゃべり出しますからね。

「風を読む」のコーナーでは唯一話していますけど、それ以外は、「それで」ってコメンテーターに次々と意見を促して、「そうですね」の代わりに「ねえ」って言って終わりです。

そして番組の締めくくりは、

「うーん。ね？　また来週です」

あんなMC、関口さん以外、誰にもできません。おそらく自分の中でどんどん独自進化して、唯一無二のスタイルを獲得したのだと思います。

関口さんのしゃべらないぶりは徹底しています。「VTRどうぞ」も言わない。

「んじゃこちら」

これでおしまい。

こんなふうにやられると視聴者は「え？　今、VTRって言った？」って関口さんのひと言を聞き漏らすまいと耳をそばだてようとする。そういう人間の生理もちゃんとわかっているんでしょうね。

関口さんは、司会者界のミニマリスト。

言葉の断捨離をしているんですよ。

でも、残った数少ない言葉の中にちゃんと意味を含ませている。

「ねえ」で同意、「そう?」では反論の意のことが多いです。

「ん? そう?」と短く低く言う時はちょっと反論です。

この関口さんのサインをちゃんと理解し適確に答えることができる、そんなゲストを配していますよね。

『サンデーモーニング』の車座と人類の進化

関口さんは、ときどき失言が取りざたされることがありますが、実は、今も昔もスタンスはまったく変わっていません。

「そう?」と、ちょっとゲストを刺激して「いやいや、それはね……」と否定論を引き出す。これは、テレビの典型的なコミュニケーションかつディスカッションです。

それを観た視聴者のテンションがちょっと上がる、テレビエンタメ論なんですよ。

コンプライアンスや炎上を過剰に気にすることで、テレビ全体が地盤沈下した、そのとばっちりを受けているだけだと思います。関口さんのあのスタンスが一貫しているから、視聴率が好調なんですよ。

１９８７年に関口宏さんの総合司会で始まったＴＢＳ『サンデーモーニング』は、２００５年以降は世帯視聴率15％近くの高視聴率がずっと続いています。ダントツです。すごいですよ。今は世帯視聴率から個人視聴率、個人視聴率からファミリーコアへと、どんどん変化している中でもです。

リベラルな番組ですが、関口さんはそんなにリベラルな意見は言っていません。リベラルな意見を言う人が周りに多くいるだけです。

１９７０年代に人気だったトーク番組『スター千一夜』、１９７９年開始の『クイズ１００人に聞きました』、１９９２年に始まった『関口宏の東京フレンドパーク』など、昭和から平成にかけての人気番組の司会者こそが関口宏であり、ピンの司会者として活躍し、そうかと思えば、フレンドパークではＭＣの先駆けとなり、常に時代をけん引してきました。

俳優・佐野周二さんの息子さんで、言ってみればサラブレッド二世で、顔はハンサムだけど穏やかで、嫌味がなくて、アクが強くなくて、あの何ともいえない茫洋《ぼうよう》とした感じが多くの人に支持されてきたのだと思います。

関口さんが中央に鎮座し、昭和の香りを色濃く残す『サンデーモーニング』は、現代の世相を伝える秀逸な番組であると同時に、テレビ界におけるインダス文明最大級の遺跡・モヘンジョダロといっても過言ではありません。

関口さんはテレビ番組の中で霊長類の進化論を見せてくれた人です。

『サンデーモーニング』のUの字に近いあのテーブルは、コメンテーター含め、ブワーッとみんなが車座になっているじゃないですか。あの光景は人類発祥を思わせますよ。

ゴリラも車座になってエサを食べたりはするんです。でも、どんなに頭のいいゴリラも、自分の子どもに木の実やフルーツなどのエサをシェアしようとはしません。チンパンジーもそう。親子だからって、ものを分け合うことはしないんです。人間だけですから、火であぶったものを分け合って食べはじめたのは。

関口さんの場合は車座になって、話題をシェアしている。だから、「うん？」って言うだけで誰かがしゃべる。

「どう？」って言えば、また別の誰かがしゃべる。たまに「張さん」って単語が出る。張さんと言わないこともありますからね。

「ん？」だけで、「喝っ」って言わせることもある。まさに霊長類最頂の姿がそこにあります。

あるいは見方を変えると、昭和の東京下町が舞台のドラマ『寺内貫太郎一家』さながら、『サンデーモーニング』を通して人間の共同体を見せているんですね。

今は大家族もなくなっているのに、あえての車座だもの。

でもそれが人間の本質。だからずっとずっと視聴率がいいんです。

挑発的かつ毒っ気のある最後のMC

小倉智昭

おぐらともあき

22年間続いた『とくダネ！』が終了し、小倉智昭さんが朝の顔ではなくなってしまったことは、心底残念でなりません。感傷的なことは抜きにして。

正直言って、小倉さんとは仲がいいわけではありません。邪推ですが、向こうからしたら生意気な後輩だと思っていることでしょう。

もっとも人って、根拠のないところで「好き・嫌い」を判断しているものです。道が二股に分かれていて、その分岐点に立った時、どちらに進むか。

「なんとなく、こっちの景色が好き」

そんな根拠のない理由で選択して左に、あるいは右に一歩踏み出す。そういうふうに脳ができているんですよ。好きか嫌いかで踏み出さないと、そこで迷って死んでしまいますから。

自分の好きな人は、いい人。自分の嫌いな人は、悪い人。ここで間違えてはいけないのは、自分の嫌いな人でもいい人はいっぱいいるだろうし、その逆もあるじゃないですか。僕が小倉さんのことをそんなに好きじゃないからって、小倉さんがそんなにいい司会者じゃないと決めつけるのは極めて危険な考えです。

司会者、MCとしての小倉さんは、22年間続いた『とくダネ！』の前に、同じフジテレビで1992年からはじまった朝の生活情報バラエティ『ジョーダンじゃない!?』、それを引き継いで1993年からはじまった『どうーなってるの?!』という番組をやっていました。2001年に『とくダネ！』がはじまるのを機に降板していますが、トータル28年間もフジテレビの「午前中の顔」としてけん引してきたんです。ここまできちゃったら、死ぬまでやり続けてほしかった。これが本音です。

確かに今の地上波放送は大変な局面を迎えています。

一極集中の構図が崩れ去り、若い人がネットに流れ、広告費を奪われる中、新陳代謝したい。それは商業原理として当たり前のことですが、『とくダネ！』は治外法権に置いてほしかった。

あの時間帯で視聴率がいいのは『羽鳥慎一 モーニングショー』です。『スッキリ』も頑張っている。実は競争しながら、支えあっているんです。

小倉さんのMCが嫌いだから、羽鳥君の番組を観る。その逆も然り。

これは街道筋のパチンコ屋理論ですね。

1軒しかパチンコ屋が建ってないと儲からないんですよ、相乗効果がないから。民放放送はパチンコ屋だとすると、各局が気色の違う人を使い、気色の違うタッチの番組をつくってしのぎ合いをしながら、もたれ合っているんです。

『とくダネ！』は、小倉さんが癖を見せたり、毒舌吐いたり、いやらしさをあえて演じていましたよね。

趣味と独断でジャニーズを語り、自分の好きなビートルズの話を立ちで3分間もしゃべり続ける。「おいおい、もっと早くニュース番組に行けよ」とツッコミたくなるのも含めて『とくダネ！』でした。だから、『とくダネ！』ってよくネットニュースになっていたんですよ。わざと挑発的なことも言っていましたし。

毒っ気のある番組は叩きやすい。でも、こういう番組があるから無難な番組が際立つわけです。

甲高い声でまくし立てるナレーションの向こう側

小倉さんは、まだ本格的にMCとして売れる前、ナレーターとして地固めをしていました。フジテレビの『アイ・アイゲーム』という番組のナレーションで大人気になりました。『世界まるごとHOWマッチ』もそうですよね。

キンキンした、ナレーターでも出せないような甲高い声で、アナウンサー出身とは思えないほど早口でまくし立てたんです。それが面白いって評判になって。

僕の勝手な想像でいうと、小倉さんの中で、ハイテンションでしゃべるあのタッチを『とくダネ！』ではできなくなったから、その分、毒を入れてやろうと思っていたんじゃないかと感じています。

シチューを作る時にがんがん攪拌《かくはん》することができなくなったから、その代わりに、クミンやターメリックみたいな香辛料をバンバン入れて味を引き立たせるみたいな。え？　シチューを作る時はそんなにかき混ぜちゃダメ？　そこはなんとなくニュアンスで察してください。

タイム・イズ・マネー感でいうと、昔の1時間と今の1分って同じぐらいじゃないですか。

50年ぐらい前は、「ちょっと時間がないんだけど」って言いながら1、2時間ぐらいは平気で話す。柱時計を見て、「ごめんなさいね、1時間しかないんだけどいいかしら？」」。

今は、「ごめんなさい、40秒だけならありますけど」。

話す前に、「ごめんなさい」って謝る人が昔より増えたのはせっかちになった証拠ですよね。起承転結のあとに「ごめんなさい」だったのが、

「ごめんなさい。ちょっと時間ないんですけど」

こんなふうに先出しで謝る時代になって、もはや何について謝られたのかわから

ない。実はあれ、謝っているんじゃないですね、もはや。

「了解してくれるよね？」

って意味ですよね。

「悪いと思っているんだから、ツッコまないでよ！」

ってことです。そんな世知辛い時代に、28年ですよ。

世知辛さに逆行する実績をつくった小倉さんの番組は、巣鴨のとげぬき地蔵尊のように存在し続けてほしかった。

そしてネットニュースに出たら、通りがかりの人から、たわしでごしごしと洗われてほしかった。痛いけど。

毒っ気が持ち味のキャスターの終焉

『報道ステーション』を12年ぐらいで辞めてしまった僕が言うのもなんですし、テレビの編成でもないのに言うのはおこがましいですが、もう一つだけ小倉さんの去就に関して思ったのは、テレビ局って、一つの番組を終わらせて新しい番組を立ち上げている時、「新しくすれば、当たるよね」って、本気で信じて頑張っているとは言い切れないんですよ。

新しく衣替えをするのは、その分、今まで入ってくれなかったスポンサーが入ってくれる可能性があるからです。

部屋の衣替えをする時、もっと快適でいい空間を作りたいからやる場合と、実家から母親が1ヶ月泊まりに来るから、今の空間の方がいいけど、やむを得ず衣替えする場合ってあるじゃないですか。

『とくダネ!』の終了って、後者だと思うんですよ。だから僕は、28年間も続いた小倉さん絡みの午前中を変えるリスクを考えてしまうわけです。

小倉さんがいなくなったら、民放テレビの朝は、無難な観葉樹がずらりと並ぶ、表参道のボタニカルカフェみたいな番組ばかりになってしまいますよ。『とくダネ!』って、もっと重い、ラードで揚げたコロッケを売る精肉店みたいな感じだったじゃないですか。小倉さん自身がやっているのは焼肉店ですけど。

そういうものがなくなると生態系のバランスが崩れるんですよ。ビーガンだけじゃダメなんです。ビーガンあり、肉食あり、雑食あり、それが混然一体となっているのが世の中なのに。

小倉さんは、毒っ気のある最後の司会者。一つの時代の終焉を目撃した気がしました。

叩かれ、嫌われる。そんなキャスターの胸の内

小倉さんが病気を患い、退院した時にちらっと言っていたんですよ。

「いろんなことを言いまくっている私だけども、休んでいる時にネットを見るにつけ、もういいのかなと思ったところもちょっとはあります」

って。これは、僕、共感しちゃうんですよね。

僕も『報道ステーション』では、毎日めった打ちされていましたから。

当時は、メールより電話が主流でしたが、クレームがテレビ朝日に毎日何百本と

入る。視聴者からのクレームを受け付けている大学生アルバイトの男の子や女の子はかわいそうですよ。

マスコミに憧れてバイトしているのに、

「古舘を出すな」

「あのバカヤロウ、死ねって言っとけ」

「古舘があんなこと言いやがって許せねえ」

なんて話ばかり聞かなきゃいけないんですから。

自分が言ったことに怒られるならまだしも、言っていないことにも「古舘が言った」と言われることもありました。これが困ります。

誰かがどこかで言ったことを「古舘が言った」に記憶を差し替える。人間ならば誰しもあることです。それを勘違いと呼ぶわけですが。おそらく1人が繰り返し何十回も「古舘が言った」と言ってきているんです。

「そんなこと、ひと言も言ってないよ!」と思うけど、同じ人が言っていたとしても別々な人間に言われていると思ってクレームの報告を読んじゃうと、大勢から

「古舘が言った」と言われている気になってくるんです。

そうなると、「確かに、言ったかもしれないな」って思えてくるんですよ。だから僕は、取り調べで潔白なのに自白してしまう人の気持ちがよくわかります。


本番前にこうしたクレームに目を通すと、萎えるんです。

でも、自分に言い聞かせていました、

「萎えるぐらいがちょうどいい」

と。僕は血気盛んでおしゃべりで、ド頭からフリートークで悪態をつきたくなる性分なんですよ。

「このニュース、おかしいと思いますよ」

って元気だと言っちゃうんです。自分の口の悪さは自分でよく知っています。

でも、それはテレビ朝日としては大問題になって迷惑をかける。だから、萎えてやるぐらいがちょうどよかった。

「『報道ステーション』です、こんばんは。最初のニュースの国会の予算委員会、今日は衆議院で行われました。四の五の僕が言うよりも見ていただけますか」
ってお行儀よく言えるわけですから。

それでも、当然傷つきました。だけど傷つくと、傷ついた部分が頑丈になるように、「これこそが仕事なんだな」と思えるようになりました。

世の中に対して怒りを持っている人、何で俺の理想と、今の俺を取り巻く現実が違うんだと思っている人。さまざまな不条理を感じながら、毎朝6時半起きで、テレワークなど無理で、電車に揺られて仕事現場に行かなくちゃいけない人が多勢いる。

そんな人が家に帰って寝る前に『報道ステーション』を観て、僕や番組に怒りまくって電話してガス抜きをしてから寝たら、翌朝また元気に仕事に行ける。そういう人に向けて仕事をしているんだと、僕は思ったんです。もはや、叩かれることが仕事だと思えるようになった。

だから、小倉さんが病気している最中にネットニュースを見て誹謗中傷のあれこれを目にして、「もうそろそろかな」と思った気持ちはよくわかるんです。

文句言われているうちが華だっていう気概のある人も、心も体も弱っている時は、降板や引退がよぎる。

「僕も同じようだった。小倉さん」って言いたかったです。大病したわけではない僕が、同じようって言ったら失礼ですけど。

それでも復帰してまだ頑張っていたんだから、「死ぬまで何でやらせてあげないの」という思いは強くあります。

感傷的なことは抜きにしてと言いながら感傷的になってしまいましたが、どうしてもそう思ってしまうんですよ。

ヒーリングボイスと、嫌味にならない〝いなし〟の使い手

安住紳一郎

あずみしんいちろう

安住紳一郎君は、自己プロデュースの神様ですよね。

毒舌を吐く時もあります。でも、自分の風体、表情、面差し含め、かつ、「北海道帯広から出てきた田舎もん」をバックに背負って、まろやかな雰囲気でMCをするから許されるんです。

これがもしも東京の麹町にあるお屋敷で生まれ育って慶應幼稚舎から慶應大学までエスカレーターでご卒業になってTBSに入社したら、こんなに評価され、出世していない。

自己プロデュースって教育できない部分です。

発声、立ち居振る舞い、鼻濁音や母音の無声化、「こんばんはー」ではなく「こんばんは」。

こうしたアナウンサー教育はいくらでもできます。

しかし、〝いなし〟だったり、毒をちょっと出す〝加減〟とか、センスの部分は誰も教えられません。

２００５年からはじまり16年目に突入したＴＢＳラジオ『安住紳一郎の日曜天国』。安住君はＭＣをやっていますが、頭が下がるのは、リスナーから来たハガキやメールに目を通すのはもちろんのこと、選曲も自分でしているんです。

例えば、昔のグループサウンズのザ・タイガースの曲をかける時、超有名な『シーサイド・バウンド』じゃなくて、マイナーと大ヒットの間ぐらいの、「そういえば、こんな歌もあったよね」っていう曲をかける。日曜日の午前中にちょうどいいぽわんとさせる曲を選ぶ。

ＭＣとは、マスター・オブ・セレモニー、全体を指揮する人を指しますが、安住君は、

「プロデューサー・アンド・ＭＣ」

これがＭＣの真骨頂なのかもしれないですね。

バラエティの〝いなし〟センスとラジオのトーン

2年前、『安住紳一郎の日曜天国』に、安住君が遅れた夏休みを取るためピンチヒッターとして出たことがあります。

「誰かにやってもらうんだったら、古舘伊知郎を引っ張ってきたって言いたい」なんて嬉しいことを言ってくれて、僕も見栄っ張りだから「あ、いいよいいよ」って引き受けました。

すると前日、TBSラジオに呼ばれて、

「最大40分間、最低でも30分間は自由にしゃべる時間があるので、どんなお話をするか骨子《こっし》だけでいいので教えていただけますか」

と言われたんです。

僕は地球温暖化の問題が前から気になっていたので、日曜のラジオにふさわしいかどうかはわからないけど……と前置きした上で話をしました。

地球温暖化防止は、カーボンニュートラル、脱炭素社会の実現にかじを切ると言われ、うたい文句はＳＤＧｓ構想だったりします。日本は、温室効果ガスの排出を２０３０年ないしは２０５０年までにゼロにするって言うけど、現実は火力発電所の新増設計画が後を絶ちません。

ＣＯ2は、電気自動車や再生可能エネルギーに欠かせないリチウムイオンをつくる時に出るから、儲かっている脱酸素企業が、脱炭素に向けてつくる時に煙を出してしまう製品の方、重厚長大産業の方にＣＯ２埋設技術の投資をする方が本当のカーボンニュートラルが成立するんですよね。

それを僕が思いついたのは、夜中に台所に立った時。睡眠導入剤を半錠追加しないと寝られないと思った時、すぐそばにある平屋タイプのゴキブリ誘引剤の中にちょろちょろってゴキブリが入ったのが見えたんです。

「あ、入りやがった」と思った時に、「あっ」と思った。あらゆる流行、モードも栄枯盛衰、諸行無常で廃れていく。ゴキブリ誘引剤だって必ず上昇トレンド下降トレンドがあるはずなのに、ずーっと流行っている。

ここでパッとひらめいたのは、

「あ、ゴキブリ誘引剤をつくっている会社が、ゴキブリを養殖してるのかも」

ということ。そうか、Ｗｉｎ－Ｗｉｎだったんだ。だから永遠のループなんだ。ずーっと儲かるんだと思った。

ＣＯ２もこれと同じ原理だなと。同じホールディングスにいれば、脱ＣＯ２に向けて、ＣＯ２を出す製品を大手を振ってつくれる。こんな感じでキッチンから温暖化を考えた話を1時間ぐらいしゃべったんです。

打ち合わせをしたプロデューサーたちは黙って全部聞いてくれて、「ありがとうございます。大変興味深いお話ですが、古舘さんが冒頭で懸念されたように、ちょっと日曜日のリスナーには重いのかなと思ってですね」

そしてプロデューサーが内ポケットからちっちゃいメモ用紙を「ご参考までになんですけど」って出してきたんです。それは安住君が置いていったメモで、

オープニングの35分から40分、

・長州力 耳元ささやき事件

・Love is Over 事件
・越乃寒梅買い占め事件
この3つでお願いします。


って、書いてあったんですよ。

だったらはじめから言ってくれ！　ジジイを泳がせるだけ泳がして。1時間も温暖化について熱弁して、バカ丸出しじゃないですか。

挙句に、「これでお願いできますか」って。さすがに大笑いしましたよ。


翌朝は、この一連の話をしました。

前日に1時間も温暖化の話をしたけど、オーディションで落とされ、独裁者安住の命令通りに笑える話をします。とやりました。冒頭は、

「おはようございますって言っていいんですかね、この時間帯は微妙ですよね。こんにちはじゃないしね」

と、ポツンとゆっくりとしたテンポで、安住流を完コピはできないまでも、安住っぽくやんなきゃと。

ラジオ終わりに、安住君から「ありがとうございました」ってLINEが来て、大阪で他のアナウンサーとかじりついて聞いていましたと。

「さすが、兄さんは素晴らしい。冒頭からトーンが違う。兄さんのことだから、ピンチヒッターなんて関係ない。聞いている人が違和感を感じるくらいペラペラしゃべっちゃうかなと思ったら、トーンが落ち着いていて、やる気ないのかな？　と思うぐらいしっとりと入った。すごいですね」

みたいに言われたんです。遅まきながらわかりました。

安住君は、トーンを大切にしていたんですね。

アーティストから、

「メロディーじゃないんだよ、古舘さん。そのあたりはビートなのよ」

と言われて僕はよくわからないことがあるんですが、要はそれと同じですね。

安住君はトーンなんですよ。

テレビの時は、どういなすか、どう意地悪を言うか、どう気遣うか、どうヨイショするか、どうさばくか考えて完全にMCに徹しています。トーンじゃない。

ところがラジオのMCとなると、トーンがすべて。

日曜の午前中、平日と違って寝ぼけまなこの状態でラジオのスイッチをオンにしたら、しっとりとしたトーンの安住君の声が流れる。

「起きろ、起きろ」じゃダメなんですよ。

「脳なんか、起きなくてもいいですよ」ってトーン。

「コーヒー入れる?」ってトーン。

だから日曜天国は長く続いている。

聞いている方は脳内天国になれるんです。

「さて」という入り方は、もはやヒーリングの域

安住君は、あらゆる女性層から好かれているイメージがありますよね。あんな甥っ子がいてほしい。こういう息子がいてほしい。姉さん女房になるけど結婚したい。幼妻になるけど結婚したい、などなど。

そう思わせる理由の一つに、比較的〝のみ声〟だっていうのがあると思います。〝のみ声〟ってわかりますか？　森本レオさんのナレーションが、典型的な〝のみ声〟です。

「こんなお店があったら驚いてしまいますよね。入った瞬間ににおい立つビーフシチューの香り。そしてまたコーヒーを注ぐ音」

要するに、発声して、息を前に出してるのに飛沫の一滴も出さない感じで話すんです。

NHKの局アナで『ニュースウォッチ9』をやっていた井上あさひさんものみ声です。僕のような飛沫飛ばし野郎の逆に〝のむ〟声があります。あんまり、発声を前に前に押し出さない。

「今日の衆議院本会議において、次のような話題になりました」

と話しながら、どんどん引いていく。聞いている方は気持ちよくなって吸い込まれていく。ちゃんと伝わるような滑舌をもってして〝のみ声〟にしていくと、聴く鎮静剤のようになります。

安住君も〝のみ声〟なんです。『ぴったんこカン・カン』でも、僕だったら、

「山手線の池袋の駅から一駅、歩いても10分ほど、ここ北区滝野川、古舘伊知郎さんが29年間生まれ育った場所なんです。ここにたわしをつくっている古き会社がありまして、そこに私は立ってるんですけども」

って声を前に出してしまうけど、安住君は、

「東京の中心から車で12分ほど、〈間〉郊外とはいいませんが、〈間〉東京は北区滝野川におじゃまをしております。〈間〉さて」

とのみ声で話す。

「さて」というほど長い尺しゃべってないけど、安住君は、「さて」を入れることでチェンジ・オブ・ペースを醸し出します。

「さて、ご本人がお見えになっています。古舘さん、どうぞ」

って、のみ声を使いながら、強く前に出さずにやるんです。

観ている人が、自発的に観たくなる気持ちにさせる。比較的低いトーンで優しいトーンで、わざとゆっくりと、

「東京の中心から車で12分、城北地域、北区滝野川におじゃましています。さて」ってやるわけです。

絶対にかき乱さない。

僕はプロレス実況出身だから、かき乱してなんぼのタイプだけど、安住君の「さて」はヒーリングの域ですよ。

たけしさんの毒舌を〝のみ声〟で包み、話を転じる

『新・情報7DAYS ニュースキャスター』の時も、〝のみ声マジック〟がしっかり現れていますよね。大御所のビートたけしさんをうまく転がしていく。

たけしさんが毒を吐いたり、下ネタを言って、わざとニュースにそぐわないこと

を言った時の安住君のＭＣっぷりに注目してください。

「そんなこと言っちゃダメですよ」とか、「ちょっと受け切れません、次いきますよ」ってやっちゃうＭＣは多いけど、安住君は、たけしさん的な世界をフォローするという体です。

たけしさんの話を聞くだけ聞いておいて、

「番組の冒頭から素晴らしい暴走っぷり、ありがとうございます。さて」

って、やるわけです。

たけしさん的世界を否定するのではなく、のみ声で優しく包み込んで、まろやかに封じ込んで、話を転じるんです。

その方が否定するよりもはるかに衝撃が少ない。

こんなテクニック、誰もやっていません。安住君が発明した、そしてマネできないテクニックですよ。

好感度ランキング5年連続1位の「人たらし」

安住君は、僕のことを「兄さん」と呼んで慕ってくれます。

僕に憧れてアナウンサーになったと言うんだけど、本当かな。安住君が明治大学に在籍していた頃に、僕が政経学部の大学祭だったかに呼ばれて、大教室で講演会をやったことがあるんですが、その時も来ていて、その時のパンフレットをまだ持っているそうです。

僕がはじめてフリーになってやったラジオのパンフレットとか、TBSラジオで撮った何かとか全部取ってあって、時折、「大掃除していたら、出てきました」とLINEでコレクション画像を送ってくれます。人の心を掴むのが上手いけど、ちょっと変だよ。

安住君と言えば、『ぴったんこカン・カン』や『輝け！ 日本レコード大賞』とか各番組のMCを思い浮かべる人もいると思いますが、それだけじゃない。

アナウンサーの好感度ランキングで5年連続1位になって2009年には殿堂入り。「現役なのに殿堂入り」っておかしな話だけど、でも、あれだけ売れちゃうと、組織内で妬みもあるでしょう。だから、社外に相談する人間はいてほしい。その1

人が僕なのか。

僕は、安住君を「オジキ」と呼んでいます。精神年齢も、自己プロデュース力も彼の方が上だから。

「オジキ筋から言われたら断れないよ」

という言い方をしています。「兄さん」と呼ばれて「オジキ」と返す、時空のゆがんだ付き合いです。


以前、12月30日に、『輝く！　日本レコード大賞』のMCを終えた安住君に、

「オジキ、今宵、大変なお仕事をこなされて、お疲れさまでした。どうかご自愛いただいて、よいお年をお迎えください」

というＬＩＮＥを送ったんです。そうしたら、既読スルーしやがるんですよ。既読スルーって無礼じゃないですか。だけど、そうじゃないんです。既読スルーを相手に見せつけて、わざと1日置くんです。

「私、熟考して、推敲して、長文を入れるから、急にありがとうございますは、失

礼だからやらない」

とばかりに間をおくんです。やはり次の日、返事がきました。

「伊知郎兄さん、ＬＩＮＥ本当にありがとうございます。

テレビを観てくださり感謝致します。司会者としてはもう一皮むけないといけないと反省しているところです。兄貴と仕事の話を、おいしいウイスキーの水割りを飲みながら話したくてしょうがありません。

兄貴は体を大事にしてもらわないと困ります。今年もたくさんごちそうになり、ご指導いただきありがとうございました。来年はぜひ……」

僕ならこんなこっぱずかしいＬＩＮＥは出せないけど、安住君はできるんです。

それでも、僕だってオジキから教わったことを実行してみようとしたことはありました。

年末年始に親しい人、35人ぐらいから新年の挨拶メールをいただきました。尊敬してやまない吉田拓郎さん、くりぃむしちゅーの上田晋也君や南海キャンディーズの山ちゃんとか。

大晦日、元日、2日。普通はすぐに返信しようと思うじゃないですか。でもここは安住スタイルで短くても心を込めた賀状を送ろうと思って熟考するうちに、松の内が明けていました。完全に無礼な人間になってしまいました、僕は。

人間関係が台無しです。これだけはハッキリわかりました。中途半端に安住スタイルなんてやっちゃダメです。このざまですから。危険すぎる。

これからは彼の実力を持ってして、TBSの朝帯をガンガン盛り上げてくれると信じています。

生放送でこそ際立つ、ＭＣ界のファブリーズ

羽鳥慎一

はとりしんいち

司会者界のファブリーズ。

『羽鳥慎一 モーニングショー』の羽鳥君を見て、そう確信しました。

あの番組で羽鳥君は、ご存じ玉川徹さんとか、リベラル発言でがんがん押す人の間で、

「いやいや、玉川さんが言うのも一理あるんだろうけれども、政府はここでちゃんとやることをやっているという前提で聞いてください」

というようにフォロー役に徹しています。

あの番組『羽鳥慎一 モーニングショー』と言っているけど、実は『玉川徹 モーニングショー』ですよ。そのぐらい押してくる玉川さんを、羽鳥君が上手くまとめていくわけじゃないですか。

あの2人は、色が違いすぎる意味で最高のコンビです。玉川さんのようなコメンテーターを入れられるのは、MCがしっかり押さえるから。羽鳥君の力は大きいです。

ちょっと油断するとあっちに行っちゃうからこっちへ戻す。またあっちに行ったらこっちへ戻す。

羽鳥君のファブリーズぶりはすごい。みんなものすごい臭いを発するから。それをシュッシュッシュッシュッやって消していく。素晴らしい消臭効果です。

あの番組って、オープンキッチンのレストランみたいです。あからさまに厨房周りを見せていますよね。

「いやいや、それはあるけど、政府はここはやってますよね。玉川さんが言ってるのわからない」

「いや、違うんだ羽鳥さん」

生放送ならではのドタバタ感、ライブ感があるから目が離せない。時々炎が上がるのもキッチンっぽい。だからチャンネルを変えられないんですよ。視聴率がいいのもわかります。

今って、ライトなものばかり求められるじゃないですか。

ケーキ食べて、「これ、甘くなくておいしい」。だったら、ケーキなんて食べなきゃいいじゃないですか。50年前の横浜中華街の月餅みたいな甘さは、今は許されません。

紀州の梅も、酸っぱいだけのおばあちゃんが漬け込んだ梅干しはダメで、はちみつ梅干しの方が好まれます。栗も「甘栗むいちゃいました」がいいわけでしょ。あの硬い殻に渋皮がついたままんまで、うまく剥がれたとか失敗したとか、あのプロセスをもってしての栗のおいしさなのに、最初から剥いてある栗で本当に満足できるのかって僕なんかは思うんですけど、今はそういう嗜好の時代。食い物なんか何食べても第一声は「やわらかーい」って。歯ごたえのいい旨いもんもあるだろうとツッコミたい。

ライトでマイルドなものが良しとされるから、『羽鳥慎一 モーニングショー』はいいんですよ。

どんなにアクが強くても、最終的に羽鳥君が臭い消しをしてくれますからね。

「隙」に惹かれて、「好き」になる

羽鳥君には、安住紳一郎君のような戦略家ぶりをあまり感じないですよね。

安住君はマニアックなまでに勉強するような研究熱心さを感じるけど、羽鳥君はそこまでストイックに見せない熱量がいい。ちょっと隙を感じさせるような間合いがいいんですよ。

『羽鳥慎一 モーニングショー』もいかにも眠そうに登場するじゃないですか。前日飲みすぎたのか、顔がむくんでいる時もあります。

羽鳥君にしても安住君にしても、あとでお話しする『ゴゴスマ』の石井亮次君にしても、男としての根本的な部分に自信があると思うんですよ。

まず、立ち姿が美しい。骨格がキレイです。『ZIP!』を卒業した桝太一アナウンサーもそうです。

「立ってよし、寝てよし」

これ格闘技では定番の言葉なんですけど、彼らは、「立ってよし、座ってよし」ですね。

昔は、中継でも司会でも、片方の手を背中に当てるかたちで話していたんです。台本や進行表を持っている方の手を隠す意味合いでしたが、そんなものなくなってからも慣習のようにやっていました。そうすると背筋も伸びる感じでよかったんです。

でも、羽鳥君はそんなことする必要がまったくないですよね。背が高くて映えるんですから。手を後ろに回す、僕らの古典的な悲しみなんて知らないですよ。MC界はナチュラルメイクの時代なんです。

これは僕の持論ですが、己に自信がある人は、どこか隙ができるんです。その「隙」に惹かれて、視聴者は「好き」になっちゃう。

僕なんかはコンプレックスが充満しているから、本当は話す内容の論拠は隙だらけだけど、「隙がないようにするのが仕事でしょ」とばかりに隙間に言葉を詰め込んでしまう。

ちなみに、隙を見せる元祖は、紛れもなく逸見政孝さんでした。

逸見さんがすごいのは、フジテレビの局アナ時代はまったく隙を見せなかったことです。

髪の毛は七三に分けて、古くからやっている眼鏡店にあるような堅い印象の眼鏡をかけていましたからね。

『夕やけニャンニャン』で、報道局からのニュースを伝える時に、とんねるずや片岡鶴太郎さんにいじられはじめて、それからブレイクするんです。

フリーになってからは、隙だらけ。『クイズ世界はSHOW by ショーバイ!!』にしてもトーク番組にしても180度変わって隙だらけ。あれは革命的でした。

ご本人にそのことを聞いたことはないけど、きっと自己プロデュースしていたんじゃないですかね。

ローカルから生まれた、好きなワイドショー司会者1位

石井亮次

いしいりょうじ

『ゴゴスマ～GOGO！Smile！～』でMCをしている石井亮次君は、芸人に対する限りない憧れがあるんですよ。

東大阪でガソリンスタンドを経営していたお父さんがいて、今はお兄さんが継いでいます。商売人のせがれで、高校時代から親父のガソリンスタンドでアルバイトしていたから、一般庶民としてのよさがありますよね。

今もユニクロしか着ないとか、5万円で買った軽自動車を運転するとか、本当にケチなところがあって倹約家を売りにしています。

彼の一本ネタはといえば、

「東大阪のガソリンスタンド出身なんですわ、私。兄貴は東大阪で油売って、弟の私は名古屋でしゃべりで油売ってんですわ」

小学校低学年の時、お父さんに手を引かれて「なんばグランド花月」にお笑いを見に行った。これが芸人に憧れるようになった原体験だそうです。

「坊主出てこいや」と芸人さんにはやし立てられて舞台に上げられて、トランポリンをやって見せるみたいなネタだったようです。子ども心に、「大好きな世界だけど自分がこういう世界をぶち壊していいものか」とか、「ウケなかったらどうしよう」とか思ったそうなんですが、案の定、うまくトランポリンを飛べなくて倒れたら、会場が大爆笑。その快感が忘れられないそうです。

だから石井君は局のアナウンサーになったけど、本当は芸人になりたくてしょうがない人なんですよ。

好きな色と、似合う色は違う

でもね、生意気なことを言うようですが、自分の一番やりたいことが一番ふさわしいこととは限らないんですよね。

石井君で言えば、芸人が一番ふさわしいとは限らないということです。

好きな色と似合う色って違うことが多いんですよ。自分の好きな色があながち似合うわけじゃないどころか、似合わないことの方が多い。

僕はここに世の中の悲劇が詰まっていると思います。

僕が好きな色は、僕には似合わない。洋服でいえば、僕はベージュやカーキとか中間色が好きだけど、ネイビーとかハッキリした色じゃないと似合わない。

一方、石井君はサンドベージュみたいな色のスーツが良く似合う。ジレをあしらうみたいにスーツをカジュアルダウンさせているのに、普通のスリータック、ツータックのだぼんとしたパンツではなく、ぴちぴちのパンツを穿いている。少しもっこりしてるんです。

さっぱりした風呂上がりみたいなタイプの石井君が、ぴちぴちのパンツで股間がもっこりしているのは、僕は悪くないと思います。誰も注目しないけど。

すみません、話を石井君の芸人好きに戻します。

石井君だって芸人の中に入っちゃうとさほど面白くないです。ところが、CBC放送の局アナを経てフリーになった人が情報ワイドのMCをやる。そのやや堅めな設定の中でスッと隙を見せるから、可愛げが生まれて面白いんです。あのさじ加減がちょうどいい。

だいぶ前ですけど『ゴゴスマ』に、今は水曜レギュラーですが、千原ジュニアが番宣で出たことがありました。打ち合わせからして石井君の表情が違うんですよ。

「何でそんなふうにおろおろされてるんですか？」

ってジュニアが言うから、

「いや違うんだよ、ジュニア。石井君は、本当に芸人さんに憧れているからおろおろしちゃうんだよ」

と言ったら石井君、

「いや、ジュニアさん、芸人さんだけじゃありません。アナウンサーとして古舘さんも尊敬してます」

って、本音とフォローがハイブリッドになってた。

本番中もジュニアにメロメロだから、ずっと隙だらけでわけのわかんないこと言い出しちゃって。彼は本当にお笑いが好きですよ。

石井君は今、一番好きな色を着てはいないかもしれないけど、ちゃんと似合う色を着ています。だから、このままいってほしいって思います。

どんな番組をやる上でも、好きな色と似合う色を行ったり来たりしながら、いい案配でやってほしい。老婆心ですけど、偉そうですけど、そう思いますね。

聞いたそばからアドバイスを忘れる天才

僕も本番前に、真面目にアドバイスすることがあります。

「石井君。今日さ、ここはこういうふうにやった方がいいと思うよ」と。

例えば、コロナの話のあとで笑えるネタに入る時に、スタジオ内のテレビ画面を切り替えて、「はい次」って同じトーンで進めちゃうと、観ている人がついてこられないんです。だから、そういう時は、

「じゃあコロナの話、また速報が入りましたらお伝えしますけども、さて、ちょっとこちら見ていただけますか」

と、少し間を取ったあとで、

「ブタが3頭盗まれました。誰が盗んでいくんですかね。ちょっと、コマーシャルです」

というように粒立てた方がいいよ。チェンジ・オブ・プレイスした方がいい。そんなアドバイスをしたことがありました。すると石井君は、

「そうですよね。その方がいいですよね」

と言ってくれるんですが、本番では全然やってくれないんですよ。

でも、そこがいい。何がいいかといえば、月〜金の間にあれだけいろんなネタを次々とやって、僕みたいなうるさい先輩や小姑が言ってくることをいちいち実践したら、いっぱいいっぱいになってしまうじゃないですか。

人がいいから真面目に聞いてくれるけど、聞いたそばから忘れていく天才なんですよ。

粒立てずあえてフラットにいく。それが石井流です。

今はネットニュースやYahoo!ニュースで、上野公園で桜が咲いたトピックスも、殺人事件も同列に並ぶ時代。Yahoo!ニュースなら、どんなニュースも13.5文字。そんな時代になにがメリハリだ。今はフラットの方がいいとも言えます。

彼が変えない姿勢を見せてくれることで、こっちが勉強させられることもあるんですよね。

アナウンサーがいじられるようになった原点の人

逸見政孝

いつみまさたか

最後に、逸見政孝さんの話をしたいと思います。

逸見さんは僕の10年以上先輩で、テレビ朝日の局アナだった時もフリーになってからも、そんなに接点はありませんでした。

親しくなったのは、僕が36歳の時、僕の6つ上の姉ががんで亡くなってからです。その後1週間以内に、逸見さんから分厚い封書のお手紙が事務所に届きました。達筆でね。「そんなにお付き合いはないのに、何で逸見さんが手紙くれたんだろう」と思ったら、本当に優しい内容で。

「古舘君お元気ですか。元気じゃないのはわかってます。つらいですよね。僕も最愛の弟を30代で同じスキルス型の胃がんで亡くしました。本当につらかった。その思いたるや、同じような経験した者でないとわからないような気がいたします」

みたいなことが書いてあった。車中で読んでいたのですが、涙がこぼれて止まりませんでした。残念ながら、その後、逸見さん自身もスキルス型の胃がんで亡くなってしまったのは皆さんも知っていますね。

僕はおしゃべりばっかりで、筆不精で字が汚いんです。

徳光和夫さんが達筆でよく手紙をくれるのですが、それにメモ書き程度に返信をした時に、

「いやあ古舘は字が下手だけど、左手で書いたんだろうね」

ってラジオでジョークを言うほど汚い字で。それでも下手くそながらも、逸見さんに御礼の手紙を書きました。そこから、交流が始まりました。

すると逸見さんが、「お姉さんの仏前にお線香あげたい」と言ってくれました。

当時フリーになって超売れっ子になっていた逸見さんを家族が住んでいるマンションにお連れして、仏前でお線香をあげていただきました。それで今度は、僕が逸見さんの弟さんの仏壇に手を合わせに行きました。

これをきっかけに食事に行くようになったんです。でも、そうこうしているうち

に逸見さんが病気になっちゃったんです。

「ちょっと、古舘君来てくれ」

って言われて、逸見さんのお宅に行ったら、

「マスコミには十二指腸潰瘍って言ったけど、実はがんなんだ」

って告げられて。

「でもまだ言わないでくれ」と口止めされました。


最後は東京女子医大に転院して、臓器3キロ分も摘出されてね。ゴッドハンドって言われている外科医の先生に執刀してもらって2回目の手術をして。それが、11月の下旬でした。

お見舞いに行くと、逸見さんはベッドに伏せていて、

「いやあ、大手術だったんだよ、古舘君」

って。あんまり長くいると疲れるから申し訳ないと思って、ちょっとだけ話をしたあと、

「それじゃ、また」

って病室を出ました。そうとしか言えなかったです。しゃべり手として自分のことを「何だこの野郎」と思ったけど、「それじゃ、また」しか言葉が出てこなかった。

この時がお会いした最後でした。そのあと、程なくして旅立たれました。

人が悲しいなと思っている時、そんなに親しい間柄でもなかったのに後輩の僕に向かって手を差し伸べてくれたことは忘れられないし、僕も参考にしなきゃいけない。でも、それができてない自分もいる。

逸見さんを思う時は、本当に感謝しかないです。だから余計に、若くしてお父さんを亡くした長男の逸見太郎君、妹の愛ちゃん。2人とも何か接点があればと思って交流をはじめました。亡くなった奥さんにも可愛がってもらいました。

逸見さんは、優しいいい人ですが、人間には必ずオンとオフじゃないけど二面性があります。

逸見さんは優しい反面、頑固で男っぽいところもあったんです。

その一つが、「アナウンサーになったからには」と、アクセント辞典をぼろぼろになるまで読んで、努力して、関西弁だったイントネーションを捨てたことです。まったく頑固ですよ。「強くなければ生きていけない。優しくなければ生きていく資格がない」って言葉があるように、あの人は優しくて、強い方でした。

「私は、がんです」

からはじまった、あの有名な会見。

「私は、がんです。必ずや闘病して戻ってまいります」

自分のがん会見なのに、人のことのように実況描写しましたから。逸見さんの男っぽさと、強いところが見事に表れていますよね。


これは、立川談志さんが食道がんになった時の会見にも通じる話です。

珍しくダークスーツを着て談志さんらしくないカッコで出てきて、ウワーッと記者が取り巻いた時の天才・立川談志の第一声は、わざと間をおいて、

「えー、子宮がんになりまして」

ここでそれを言う？　それを言える？　まさに芸人魂ですよね。

逸見さんの場合は、完全なるアナウンサー魂です。

「私の病気は、がんです。現在の進行状況は」ってやったわけだから。この客観視は、アナウンス芸です。

ある種、幽体離脱して自分を客観視してないと、あんなふうには言えません。そこに僕は感動しました。そして、自分はあんなふうに自分のことを客観的に言えるだろうかと自問自答しましたね。

談志さんと逸見さんに共通しているのは、自分の体内にできた病気を、自分の外に置いて客観視してることです。

「子宮がんになりまして」と言った談志さんと、「私の病は、がんです」と言った逸見さん。

徹底的に客観視する。自分に対するＭＣをやったんですね。これも一つのＭＣ論ですよ。

直接本人に聞いたわけではないので、これは僕の妄想ですけど、あの会見に関して感想を伝えたら、逸見さんは、

「いや古舘君ね、男らしいとか、たいしたもんだとか、強いとかっていうのは、そうかもしれない。でも、一方で自分を客観視することによって、100%の苦しさを軽減する側面もあるんじゃないかな」

って言うんじゃないかなって思うんですよ。

自分を突き放すことで、自分の冷静を保つ。

「先《ま》ず隗《かい》よりはじめよ」で、まず先に自分が冷静になる。その術を逸見さんは体現してくれましたよね。

おわりに

「いかに風を起こすか」それがMCの腕の見せ所

「なんだ、コイツの司会。癪に障るな」

「あの人の言いっぷりを見ていると、つい、モノ申したくなる」


本来、テレビの司会やMCって、こんなふうに思わせてなんぼだと思うんですよ。

なぜなら、その真髄は、視聴者を巻き込むことだから。カンフル剤として、その場に風を起こし、波を大きくする役割りがあるんです。

時代が移り変わっても、その時々で流行り廃りがあっても、「テレビは、電気紙芝居である」という特性がある以上、この「巻き込む力」は変わりません。


田原総一朗さんが『朝まで生テレビ!』で、わざと挑発するようなことをコメンテーターに言って「コイツ、許せねえ」とたびたび反論させたのは、巻き込む力を知っていたからだと思います。

視聴者は、テレビ画面に向かって文句を言うことで、自分も参加した気持ちになる。

これ、〝床屋談義〟と同じです。

床屋というクローズドな空間で、髪を切ってもらいながら「今の政権もたないよな」と店主に言ってひとしきり盛り上がる。でも、その言葉は、右から左に消えていく。それが、良かった。

氷は、解ければ水になり、熱すれば水蒸気になります。個体から液体、そして、気体へ。床屋談義も、テレビ画面へのツッコミも、その場では熱くなっても、すぐに気化して風になって消えていった。

その風を起こすべく司会者やＭＣは、「その場を仕切り、かつ、テレビの向こう側にいる視聴者をいかに巻き込めるか」が腕の見せ所でした。

ただしこれは、視聴者がテレビと相対していた時だからできたことです。

「10〜20代の約半数は、ほぼテレビを観ない」など、若者のテレビ離れが加速しているというニュースが流れています。

映画やドラマはネットフリックスやHuluでいつでも見られるし、日々のニュースならネットで十分。好きな芸能人はYouTubeで自分のチャンネルを持っている。テレビが毎日観る日常メディアでなくなったのは、こうした外的要因と無関係なはずはありません。

しかし一方で、僕は、テレビから〝チンピラ〟的な要素が一切なくなってつるんつるんで面白みがなくなったことも、テレビ離れに大きく影響していると思っています。

テレビは、社会を映す鏡です。

海のものとも山のものともつかないテレビがアメリカから輸入され、本放送がはじまったのは1953年以降です。言わば、〝チンピラ〟状態で入ってきたから、大橋巨泉さんのような常識外の司会者が出てくるし、『とんねるずのみなさんのおかげでした』みたいなバラエティ黄金期も築くことができた。

でも、テレビは国民の公共財産かつ免許事業でもあります。リモコンのボタンを押せば即座についてしまう。見たくない人までうっかり見てしまう特性があるゆえ、メディアの主流になった途端に優等生にならざるを得ません。

コンプライアンスだの、放送コードだの気に掛けるうちにボーダーラインの向こう側にいっちゃって、制作現場は、大忖度、大自主規制の嵐になっていきました。

それは例えば、責任の所在を分散させるため、テレビ番組においても、MCとひな壇芸人をボーダーレスにするといった形で現れました。骨のある芸人やしゃべり手が製作者の全責任を負うのはつらいですから。

今年の東京オリンピックとまったく同じですね。中止する権限は東京都にも大会組織委員会にもない、責任の所在なんてどこにもないわけですから。

テレビドラマも、忖度。ドラマ内の設定で暴力団員が出てきた時、タクシーの中ではシートベルトをしている。それどころか、いつかの夏場のドラマでも、幽霊役の人もタクシーの後ろの座席でシートベルトをしているのを見ましたよ。

チンピラは、チンピラゆえに、一つの主義主張、政治信条に囚われていないんです。一人のアイドルのゴシップをワイドショーで叩きながら音楽番組の出演はよしとしていた。

でも今は、ボーダーを超え、〝チンピラ〟論を忘れ、最もお行儀のいい、絵に描いたような一市民になってしまった。それが今のテレビのように僕には見えます。チンピラのいい意味での感受性のようなものは、ＹｏｕＴｕｂｅにもってかれてしまいました。

ちょっとでも余計なことを言ったら、編集で切ってしまう。その方が安心ですから。それが進むと、理由もわからずとりあえず切ってしまい、無難に仕上げることに務めます。

だから「ニュースの深掘り」なんて、ちっとも深く掘りません。浅瀬で潮干狩りやっているようなものです。ビックリするぐらい優等生。それが今のテレビではないかと思います。

忖度し続け、責任逃れし続けたら、全然面白くないテレビができあがった

責任の所在逃れをし続けると、「言葉が壊れる」という現象が現れます。

東京オリンピックの連日のニュースを見ていても、「承知いたしませんでした」の連呼。

普通は、「承知いたしました」と肯定形で使います。「知りません」と言い切りたくない時に使う「承知いたしませんでした」は、「おはようございませんでした」と同じぐらいの違和感が僕にはあります。

テレビは世の中を映す鏡。

写し絵なので、世相が反映されるんです。

政治に忖度し、それがそのまま凝縮しちゃった箱庭であるテレビの中でも、言葉は空疎になっていく。今、テレビは高齢者の視聴者が支えている現状があるにも関わらず、若者に向けた番組をつくろうと躍起になっています。

これから投資してくれる層に訴えかけたい気持ちはわかりますが、だとしても、もうちょっとやりようがあるのではないか。もうちょっとモノ申すべきじゃないか。もうちょっと面白くなるんじゃないか。もうちょっとチンピラ魂があるべきじゃないか？ と思うのです。

だから、民放のテレビ各局は有料制にすればいいんじゃないですかね。他の有料チャンネルよりもグッと安くして定額制のサブスクにする。

チャンネル選択制になってはじめて、〝チンピラ魂〟も復活して活気づくのではないでしょうか。

テレビの中にＹｏｕＴｕｂｅを取り入れてもいいし、反対に、テレビが緻密につくるノウハウをＹｏｕＴｕｂｅがマネてもいい。相互交流があってもいいですよね。

そうなると、ＭＣの役割りも変わると思うんですよね。

今回、ＭＣ論のお話をいただき、司会からＭＣに呼び名も変わる中で、お笑い芸人さんの分量が多くなりました。

「はたけ違い」と言われたらそれまでですが、僕も司会者、キャスター、ＭＣを生業としてきた中で、自分のフィルターを通して見えるＭＣの世界があります。

僭越ながら、他のＭＣの皆さんを観察、分析して語らせていただきました。


チンピラ魂のある、テレビで毒を吐きたいと思っている若いＭＣよ、来たれ！


彼らが、テレビを引っ張る「逆ねじれ現象」があってもいい。

そういう人間が出てきた時に、テレビは変わる。

僕は、そう信じています。

テレビ好きだからこそ、こんな悪態ついているわけですけどね。

２０２１年７月吉日　古舘伊知郎

アートディレクション　宮崎謙司（lil.inc）

デザイン・DTP　井上安彦　和田浩太郎　長谷川弘仁（lil.inc）

構成　三浦たまみ

編集協力　山名宏和

校正　深澤晴彦

マネジメント　伊藤滋之　奥村芳彦（古舘プロジェクト）

編集　吉本光里　金城琉南（ワニブックス）

MC論

昭和レジェンドから令和新世代まで「仕切り屋」の本懐

著者　古舘 伊知郎

2021年9月10日 初版発行

発行者　横内正昭
発行人　青柳有紀
発行所　株式会社ワニブックス
〒150-8482
東京都渋谷区恵比寿4-4-9 えびす大黒ビル
電話 03-5449-2711(代表)
03-5449-2716（編集部）

ワニブックスHP　http://www.wani.co.jp/
WANI BOOKOUT　http://www.wanibookout.com/

印刷所　株式会社 光邦
製本所　ナショナル製本

JASRAC 出 2106036-101
ISBN 978-4-8470-7067-9